# 舰船辐射噪声调制特征提取

王洪玲　著

哈尔滨工程大学出版社
Harbin Engineering University Press

## 内容简介

随着海洋开发、海上防御要求的不断提高,水中目标识别已成为各国研究的重点与热点。本书主要利用功率谱和高阶谱相结合的方法对舰船辐射噪声进行处理,提取包络谱的特征,并对所提取的 DEMON 谱进行线谱的平滑、净化和基频的估计,进而在低信噪比的情况下使机器能自动给出目标的轴频信息;在对目标基频进行估计时给出差频与倍频两种检测算法,将这两种方法相结合进行目标基频的估计;利用 MATLAB'S GUI,结合提取的方法与步骤,编写特征提取界面,实现不同目标特征的提取。

本书可供从事目标特征提取与识别方面研究的科研工作者参考,也可作为相关专业高等院校师生的参考用书。

**图书在版编目(CIP)数据**

舰船辐射噪声调制特征提取/王洪玲著.—哈尔滨:
哈尔滨工程大学出版社,2022.6
ISBN 978 – 7 – 5661 – 3719 – 7

Ⅰ.①舰…　Ⅱ.①王…　Ⅲ.①舰船噪声 – 调制　Ⅳ.
①O427.5

中国版本图书馆 CIP 数据核字(2022)第 176997 号

舰船辐射噪声调制特征提取
JIANCHUAN FUSHE ZAOSHENG TIAOZHI TEZHENG TIQU

选题策划　石　岭
责任编辑　张　彦　秦　悦
封面设计　李海波

---

出版发行　哈尔滨工程大学出版社
社　　址　哈尔滨市南岗区南通大街 145 号
邮政编码　150001
发行电话　0451 – 82519328
传　　真　0451 – 82519699
经　　销　新华书店
印　　刷　哈尔滨市石桥印务有限公司
开　　本　787 mm × 960 mm　1/16
印　　张　7.5
字　　数　105 千字
版　　次　2022 年 6 月第 1 版
印　　次　2022 年 6 月第 1 次印刷
定　　价　48.00 元

http://www.hrbeupress.com
E-mail:heupress@ hrbeu.edu.cn

# 前　言

　　被动目标检测和识别是现代水声技术的重点研究领域之一。被动声呐较主动声呐有着更好的隐蔽性，它即使不发射声波也能使潜艇了解到目标的各种信息，这些信息通常包括目标的方位、距离、航速、类型等。国内外研究人员在被动声呐方面做了大量的工作，以期提升声呐系统的性能。舰船辐射噪声多由高频的连续谱和低频的强线谱组成。线谱主要由螺旋桨的空化引起，在频谱图上表现为由基频和各次谐波组成，而基频与目标的螺旋桨转速及叶片数有关，具有一定的稳定性，因此长期以来人们对目标线谱的研究有着浓厚的兴趣。本书的主要研究工作是在前人研究的基础上，引入舰船辐射噪声数理模型和包络谱检测仿真试验模型，通过功率谱和高阶谱相结合的方法对包络谱进行分析，分离出线谱噪声，再在这些线谱噪声中检测出能够表现螺旋桨转速信息的目标基频，采用功率谱与高阶谱相融合技术，总结出一种旨在提高舰船类别识别率的方法。

　　本书综述了如何从目标辐射噪声中有效提取特征的方法及其研究现状，并主要进行了以下工作：

　　（1）介绍了高阶统计量的理论，从理论上证明了高阶累积量及高阶谱可完全抑制高斯噪声的影响，并着重分析了双谱的性质与算法；介绍了基于高阶谱提取舰船辐射噪声包络线谱的方法，主要介绍了舰船辐射噪声谱的构成及其线谱、连续谱的分布特性，针对噪声辐射机理提出了利用高阶谱来分析舰船辐射噪声包络谱的可行性,简单论证了高阶谱的性质并给出仿真验证。

(2)对包络的解调、包络谱的净化、连续谱的平滑及疑似线谱提取的三大准则进行了详细讨论,其目的是在低信噪比的情况下获取尽可能多的疑似线谱值。

(3)对目标基频给出了两种估计方法,即差频和倍频检测算法,并将这两种方法相结合进行目标基频的估计。

(4)利用MATLAB'S GUI综合提取的方法与步骤,编写了特征提取界面,实现不同目标特征的提取。

(5)给出了一套软、硬件系统解决方案,用于目标检测与识别。

舰船辐射噪声受复杂水声信道的时变、空变、非高斯性、多个目标的相互作用、接收设备等多因素的影响,使得水中目标识别一直是各国研究的重点和难点,无论是在特征提取方法还是在识别器设计等方面的研究都还有大量的工作需要研究者去做。

书中的许多问题得以顺利解决得益于我的导师徐教授及实验室老师们的启发和指导,在此向帮助过我的老师和朋友们表示深深的谢意。

王洪玲

2022 年 2 月

# 目　　录

# 第1章 绪 论

## 1.1 研究的背景及意义

随着海洋开发、海上防御及反潜战要求的不断提高,水中目标识别已成为各国研究的重点与热点。目标识别的关键在于如何有效地提取能够表征目标类别的本质特征。实际声呐发射声波的机理十分复杂,既有宽带连续谱又有窄带线谱分量;不同的频带具有不同的调制度;同时又受到复杂水声信道的时变、空变和非高斯性的影响。由于目前还没有对水中目标的发声机理及噪声如何受到信道的干扰及畸变做出全面系统的描述,因此水中目标识别一直是各国研究的难点。在以往传统的被动声呐中,目标识别是依靠声呐兵根据接收目标辐射噪声的音色、节拍、起伏等,结合观看谱图来判断目标的性质。一方面,训练一位熟练的声呐兵需要很长时间,且其分类的准确率受人的精神状态和心理素质等因素的影响较大,难以有稳定的发挥。另一方面,随着先进低噪声潜艇和鱼雷的发展,目标识别问题变得越来越复杂,单靠人工听音识别难以快速、准确地识别目标并快速做出反应。同时,在现代海战中又要求同时对多个目标进行检测、定位和分类识别,因此迫切需要声呐能够自动检测和识别目标。

# 1.2　国内外研究的现状

被动声呐目标识别主要是根据目标辐射噪声的不同来实现的。如何从目标辐射噪声中提取有效的识别特征是被动声呐目标识别的关键环节。从国内外研究的现状来看,在特征提取方面主要有以下几个方面。

(1)功率谱估计及短时傅里叶变换(STFT)的功率谱分析

通过时域到频域的变换,可使时域上的复杂波形转换成频域上比较简单的各频率分量的分布。陈敬军、曾庆军等利用功率谱对线谱与连续谱的提取方法进行了论述。

(2)包络(DEMON)谱分析

螺旋桨噪声是水面舰船、潜艇、鱼雷等水声目标的主要噪声源。螺旋桨空化噪声常常会产生幅度调制,通过解调处理的调制谱中存在着许多离散线谱,其位置对应螺旋桨的轴频、叶频及谐波。因而利用这些离散线谱,可估计螺旋桨的轴频和叶片数,为被动声呐目标检测和分类提供了有力的依据。为了能够自动提取出螺旋桨轴频等信息,采用了几种不同的方法。

(3)小波变换特征提取

传统的傅里叶变换有时间积分作用,平滑了非平稳随机信号中的时变信号,因而其频谱只能代表信号中各频率分量的总强度。采用短时傅里叶变换对时变信号逐段进行分析,虽具有时频局部化性质,但其时间分辨力和频率分辨力是互相矛盾的,不能兼顾。而小波变换通过对原小波的平移和伸缩,能使基函数长度可变,因而可获得不同的分辨力。章新华、张艳宁等在对舰船辐射噪声进行小波变换、提取目标特征方面做了许多工作。

（4）非线性动力学模型

除了利用经典的功率谱、线谱、调制谱特征的同时，人们更进一步研究利用了分形、极限环、混沌等方法提取分类特征。

（5）高阶统计量

由于实际的水声信号或噪声往往不是理想的高斯分布，用二阶统计量不能全面描述信号的特性，只有高阶统计量（HOS）才能更全面地反映非高斯信号的特性。樊养余利用高阶谱及有关方法提取了39维特征矢量，对海上的实测数据进行了分类识别。

在20世纪七八十年代，一系列水下目标识别系统应运而生。美国学者Nii和Feigenbaum等成功研制了水下预警专家系统（HASP）及改进型的潜用水下目标识别专家系统（SIAP）；美国学者Hassab和Chen设计了分类识别专家系统（CLMA）；加拿大学者Maksym和Bonne等研究开发了舰船辐射噪声的信号分析专家系统（INTERDRNSOR）。80年代末，印度的Rajagopal和Sankaranarayanan等研制了水下被动目标识别专家系统（RETSENSOR）。高阶统计量的方法在信号检测、频率估计、特征提取及目标识别中有着广泛的应用。1990年，美国的Giannakis和Tsatsanis使用匹配滤波器和高阶统计量中的三阶累积量对含有噪声的目标信号进行分类，在信噪比为 $-6\ dB$ 的情况下，正确识别率都在95%以上，是二阶统计量的2.5倍。1995年，美国的Balan和Azimi-Sadjadi采用双谱分析埋藏于地下的地雷回波信号，并用双谱的不同切片抽取各类地雷和背景回波信号的特征进行分类，正确识别率在93%以上。

由于海洋工程的发展和国防需求的有力推动，我国学者在被动声呐目标识别方面也做了大量工作。陶笃纯研究了螺旋桨的空化噪声和噪声节奏的物理机理。20世纪90年代，陈庚、吴国清、魏学环等将舰船辐射噪声的平均功率谱和相关函数相结合，利用聚类分析法进行识别。吴国清等对舰船辐射噪声的线谱进行多方面的研究，提取了舰船辐射噪声的线谱特征、双重谱特征及平均功率谱特征，并利用模糊神经网络对舰船目标进行分类。

# 1.3　研究的主要工作

本书主要利用功率谱和高阶谱($1\frac{1}{2}$维谱)相结合的方法对舰船辐射噪声进行处理,提取包络的谱特征,并对所提取的 DEMON 谱进行线谱的平滑、净化及基频的估计,进而在低信噪比情况下使机器能自动地给出目标的轴频信息。

本书首先简要地介绍了高阶统计量的理论,在理论上证明了高阶累积量及高阶谱可完全抑制高斯噪声的影响,并着重分析了双谱的性质与算法。其次,介绍了基于$1\frac{1}{2}$维谱提取舰船辐射噪声包络线谱,主要介绍了舰船辐射噪声谱的构成及线谱、连续谱的分布特性,针对噪声辐射机理提出了利用$1\frac{1}{2}$维谱来分析舰船辐射噪声包络谱的可行性,简单论证了$1\frac{1}{2}$维谱的性质并给出仿真验证。由于线谱的幅度变化具有一定的随机性,在实际海试试验数据中可以看出其幅值变化并不是一定随着频率的升高而降低的,而且其频率位置同样也具有随机性。虽然目标线谱簇往往是由目标基频和它的各次谐波组成,但在实际观测时发现,由于多种原因(比如谱分析的频率分辨率、复杂的水声环境等)线谱的各次谐波并不严格等于基频的整数倍,往往是以倍频为中心,左右存在随机偏移。另外,被动声呐系统接收到的目标信号往往信噪比都很低,多个目标还可能互相干扰,线谱位置不容易估计准确。在估计多目标的各自基频时,为了让下一步的基频估计较为准确,就需要在这一步以较低的虚警概率尽可能获得更多的疑似线谱。针对上述问题,本书对包络的解调、包络谱的净化、连续谱的平滑及疑似线谱提取的三大准则进行详细讨论,目的就是在低信噪比的情况下获取尽可能多的疑似线谱值,并针对目标基频给出了两种估计方法。海洋环境及水声信道的复杂性,使得所获得的谱图上并不可能完全包含表征目标特征的基频和谐波成分。虽然理论上目标的基频能量较高,但是在处理真实海试数据的时候,常常发现情况并非完全如此,有时候能够得到目标的某次谐波,却检测不到目标的基频;漏掉某些谐波的情况更是常见;目标各次谐波的能量也常常不是呈下降趋势分布,所以在对目标基频进行估计时并不局限于其中的一种方法。本书给出了差频和倍频两种检测算法,并将这两种算法相结合进行目标基频的估计。最后,本书利用MATLAB'S GUI 采用综合提取的方法编写了特征提取界面,实现了不同目标特征的提取。

# 第 2 章　高阶统计量理论分析

## 2.1　高阶统计量的应用前景

高阶统计量是指大于二阶统计量的高阶矩、高阶累积量、高阶矩谱和高阶累积量谱这四种主要统计量。非因果、非最小相位系统和非高斯信号的主要数学分析工具是高阶统计量。虽然在 20 世纪 60 年代初数学、统计学、流体力学、信号处理和其他领域的研究人员就开始对高阶统计量进行研究,但真正的研究高潮是 20 世纪 80 年代后期才形成的。经过短短几十年的发展,高阶统计量的方法已在雷达、声呐、通信、海洋学、天文学、电磁学、结晶学、地球物理、生物医学、故障诊断、振动分析、流体力学等领域实现了大量的应用。在信号处理和系统理论等领域使用高阶统计量的主要动机与出发点可以归结如下:

（1）抑制加性高斯噪声的影响。

（2）辨识非因果、非最小相位系统或重构非最小相位信号。

（3）抽取由于高斯偏离引起的各种信息。

（4）检测和表征信号中的非线性及辨识非线性系统。

高阶统计量不仅可以自动抑制高斯有色噪声的影响,而且也能够抑制对称分布噪声的影响,它之所以能够大大超越功率谱和相关函数,是因为高阶统计量包含了二阶统计量没有的大量信息。可以毫不夸张地说,凡是使用功率谱或相关函数进行过分析与处理,而又未得到满意结果的任何问题都值得用高阶统计量方法重新一试。在特征提取方法中,高阶统计量有着不可比拟的优越性。正如前面所介绍的,高阶统计量可自动抑制加性高斯噪声的影响,而选取高阶统计量方法作为分析工具还基于它能够反映出信号的相位信息,可以用来分析系统的非线性,继而检测出辐射噪声中的相位耦合现象。

# 2.2 高阶统计量的理论介绍

本节主要介绍四种高阶统计量及它们之间的关系,并给出双谱的算法与性质。

## 2.2.1 随机变量的特征函数

**定义 2.1** 设随机变量 $x$ 的概率密度函数为 $f(x)$,其特征函数定义为

$$\varphi(w) = \int_{-\infty}^{+\infty} f(x) \mathrm{e}^{\mathrm{j}wx} \mathrm{d}x = E[\mathrm{e}^{\mathrm{j}wx}] \qquad (2-1)$$

从式(2-1)可以看出,特征函数实际就是密度函数 $f(x)$ 的傅里叶变换。因为 $f(x) \geq 0$,所以特征函数在原点处具有最大值,即

$$|\varphi(w)| \leq \varphi(0) = 1 \qquad (2-2)$$

该特征函数也称为第一特征函数。

随机变量的第二特征函数定义为

$$\psi(w) = \ln[\varphi(w)] \qquad (2-3)$$

**定义 2.2** 设 $\boldsymbol{x} = [x_1, x_2, \cdots, x_k]^{\mathrm{T}}$ 是一随机向量,具有联合概率密度,为 $f(x_1, x_2, \cdots, x_k)$,其第一特征函数定义为

$$\varphi(w_1, w_2, \cdots, w_k) = \int_{-\infty}^{+\infty} \int_{-\infty}^{+\infty} f(x_1, x_2, \cdots, x_k) \cdot$$

$$e^{j(w_1 x_1 + w_2 x_2 + \cdots + w_k x_k)} dx_1 dx_2 \cdots dx_k \qquad (2-4)$$

即

$$\varphi(w_1, w_2, \cdots, w_k) = E[e^{j(w_1 x_1 + w_2 x_2 + \cdots + w_k x_k)}]$$

随机向量的第二特征函数定义为

$$\psi(w_1, w_2, \cdots, w_k) = \ln[\varphi(w_1, w_2, \cdots, w_k)] \qquad (2-5)$$

## 2.2.2  高阶矩和高阶累积量的定义

**定义 2.3**  随机变量 $x$ 的第一特征函数 $\varphi(w)$ 在原点的 $k$ 阶导数等于随机变量 $x$ 的 $k$ 阶矩 $m_k$，即

$$m_k = \varphi^{(k)}(w)\big|_{w=0} = E[x^k] = \int_{-\infty}^{+\infty} x^k f(x) dx \qquad (2-6)$$

**定义 2.4**  随机变量 $x$ 的第二特征函数 $\psi(w)$ 在原点的 $k$ 阶导数等于随机变量 $x$ 的 $k$ 阶累积量 $c_k$，即

$$c_k = \psi^{(k)}(w)\big|_{w=0} \qquad (2-7)$$

将上述随机变量的高阶矩和高阶累积量的定义向外推广，便可得到随机向量的高阶矩和高阶累积量的定义。

假设 $\boldsymbol{x} = [x_1, x_2, \cdots, x_k]^T$ 是一随机向量，其第一特征函数记为

$$\varphi(w_1, w_2, \cdots, w_k) = E[e^{j(w_1 x_1 + w_2 x_2 + \cdots + w_k x_k)}] \qquad (2-8)$$

求其 $k$ 阶偏导数，得

$$\frac{\partial \varphi(w_1, w_2, \cdots, w_k)}{\partial w_1 \partial w_2 \cdots \partial w_k} = j^k E[x_1, x, \cdots, x_k e^{j(w_1 x_1 + w_2 x_2 + \cdots + w_k x_k)}] \qquad (2-9)$$

显然，当 $w_1 = w_2 = \cdots = w_k = 0$ 时，式（2-9）给出结果

$$\text{mom}(x_1, x_2, \cdots, x_k) = E\{x_1, x_2, \cdots, x_k\}$$

$$= (-j)^k \frac{\partial \varphi(w_1, w_2, \cdots, w_k)}{\partial w_1 \partial w_2 \cdots \partial w_k}\bigg|_{w_1 = w_2 = \cdots = w_k = 0}$$

$$(2-10)$$

式(2-10)为随机向量 $\boldsymbol{x} = [x_1, x_2, \cdots, x_k]^{\mathrm{T}}$ 的 $k$ 阶矩定义。

类似地，$\boldsymbol{x} = [x_1, x_2, \cdots, x_k]^{\mathrm{T}}$ 的 $k$ 阶累积量用累积量生成函数 $\psi(w_1, w_2, \cdots, w_k) = \ln[\varphi(w_1, w_2, \cdots, w_k)]$ 定义为

$$
\begin{aligned}
\mathrm{cum}(x_1, x_2, \cdots, x_k) &= (-\mathrm{j})^k \left. \frac{\partial^k \psi(w_1, w_2, \cdots, w_k)}{\partial w_1 \partial w_2 \cdots \partial w_k} \right|_{w_1 = w_2 = \cdots = w_k = 0} \\
&= (-\mathrm{j})^k \left. \frac{\partial^k \ln[\varphi(w_1, w_2, \cdots w_k)]}{\partial w_1 \partial w_2 \cdots \partial w_k} \right|_{w_1 = w_2 = \cdots = w_k = 0}
\end{aligned}
$$

$$(2-11)$$

通常把最常见的 $k$ 阶矩和 $k$ 阶累积量分别记作

$$m_k = m_{1,2,\cdots,k} = \mathrm{mom}(x_1, x_2, \cdots, x_k) \tag{2-12}$$

$$c_k = c_{1,2,\cdots,k} = \mathrm{cum}(x_1, x_2, \cdots, x_k) \tag{2-13}$$

通过上述对随机向量高阶矩与高阶累积量的分析，可以得出随机过程的高阶矩与高阶累积量。

**定义 2.5**　设 $\{x(n)\}$ 为零均值的 $k$ 阶平稳过程，则该过程的 $k$ 阶矩 $m_{kx}(\tau_1, \tau_2, \cdots, \tau_{k-1})$ 定义为

$$m_{kx}(\tau_1, \tau_2, \cdots, \tau_{k-1}) = \mathrm{mom}[(x(n), x(n+\tau_1), \cdots, x(n+\tau_{k-1})]$$

$$(2-14)$$

而 $k$ 阶累积量 $c_{kx}(\tau_1, \tau_2, \cdots, \tau_{k-1})$ 定义为

$$c_{kx}(\tau_1, \tau_2, \cdots, \tau_{k-1}) = \mathrm{cum}[x(n), x(n+\tau_1), \cdots, x(n+\tau_{k-1})]$$

$$(2-15)$$

比较上面两式，可以看出平稳随机过程 $\{x(n)\}$ 的 $k$ 阶矩和 $k$ 阶累积量实质就是取 $x_1 = x(n)$，$x_2 = x(n+\tau_1)$，$\cdots$，$x_k = x(n+\tau_{k-1})$ 时，这些随机向量 $[x(n), x(n+\tau_1), \cdots, x(n+\tau_{k-1})]$ 的 $k$ 阶矩和 $k$ 阶累积量。由于 $\{x(n)\}$ 是 $k$ 阶平稳随机过程，所以它的 $k$ 阶矩与 $k$ 阶累积量均只有 $k-1$ 个独立的变元。它们仅仅是滞后 $\tau_1, \tau_2, \cdots, \tau_{k-1}$ 的函数，而与时间 $n$ 无关。

对于一个零均值的平稳随机过程 $\{x(n)\}$，其高阶累积量也可以定义为

$$c_{kx}(\tau_1,\tau_2,\cdots,\tau_{k-1}) = E\{x(n),x(n+\tau_1),\cdots,x(n+\tau_{k-1})\} - $$
$$E\{g(n),g(n+\tau_1),\cdots,g(n+\tau_{k-1})\}$$
$$\text{其中 } k \geqslant 3 \qquad\qquad (2-16)$$

式中,$\{g(n)\}$是一个与$\{x(n)\}$具有相同功率谱密度的高斯过程。这是一个工程性的定义,易于理解。很显然,如果上式中的$\{x(n)\}$是一个高斯过程,则其高于三阶的累积量将恒等于零。

### 2.2.3 高阶矩谱和高阶累积量谱的定义

对于一个零均值的线性平稳随机过程$\{x(n)\}$,功率谱密度定义为其自相关函数的傅里叶变换。以此类推,可以按照此方法分别写出对应的高阶矩和高阶累积量谱的定义。

**定义 2.6** 设高阶矩 $m_{kx}(\tau_1,\tau_2,\cdots,\tau_{k-1})$是绝对可和的,即

$$\sum_{\tau_1=-\infty}^{\infty}\cdots\sum_{\tau_{k-1}=-\infty}^{\infty}|m_{kx}(\tau_1,\tau_2,\cdots,\tau_{k-1})| < \infty \qquad (2-17)$$

则$k$阶矩谱定义为$k$阶矩的$k-1$维离散傅里叶变换,即

$$M_{kx}(w_1,w_2,\cdots,w_{k-1}) = \sum_{\tau_1=-\infty}^{\infty}\cdots\sum_{\tau_{k-1}=-\infty}^{\infty}m_{kx}(\tau_1,\tau_2,\cdots,\tau_{k-1})\cdot$$
$$\exp\left[-j\sum_{i=1}^{k-1}w_i\tau_i\right] \qquad (2-18)$$

**定义 2.7** 设高阶累积量 $c_{kx}(\tau_1,\tau_2,\cdots,\tau_{k-1})$是绝对可和的,即

$$\sum_{\tau_1=-\infty}^{\infty}\cdots\sum_{\tau_{k-1}=-\infty}^{\infty}|c_{kx}(\tau_1,\tau_2,\cdots,\tau_{k-1})| < \infty \qquad (2-19)$$

则$k$阶累积量谱定义为$k$阶累积量的$k-1$维离散傅里叶变换,即

$$S_{kx}(w_1,w_2,\cdots,w_{k-1}) = \sum_{\tau_1=-\infty}^{\infty}\cdots\sum_{\tau_{k-1}=-\infty}^{\infty}c_{kx}(\tau_1,\tau_2,\cdots,\tau_{k-1})\cdot$$
$$\exp\left[-j\sum_{i=1}^{k-1}w_i\tau_i\right] \qquad (2-20)$$

高阶矩、高阶累积量、高阶矩谱和高阶累积量谱是主要的四种高

阶统计量。通常用高阶累积量不用高阶矩作为分析非高斯随机过程的主要数学分析工具,高阶累积量和高阶矩之间可以互相转化。习惯上,高阶累积量谱常简称为高阶谱或多谱,最常见的高阶谱为三阶谱与四阶谱。

1. 三阶谱(双谱)

$$B(w_1, w_2) = \sum_{\tau_1 = -\infty}^{\infty} \sum_{\tau_2 = -\infty}^{\infty} c_{3x}(\tau_1, \tau_2) e^{-j(w_1\tau_1 + w_2\tau_2)} \qquad (2-21)$$

2. 四阶谱(三谱)

$$T_x(w_1, w_2, w_3) = \sum_{\tau_1 = -\infty}^{\infty} \sum_{\tau_2 = -\infty}^{\infty} \sum_{\tau_3 = -\infty}^{\infty} c_{4x}(\tau_1, \tau_2, \tau_3) e^{-j(w_1\tau_1 + w_2\tau_2 + w_3\tau_3)}$$

$$(2-22)$$

对于一个零均值的平稳随机过程 $\{x(n)\}$ 而言,从矩与累积量的公式可直接得到以下最常用的简单关系式:

$$c_{2x}(\tau) = E[x(n)x(n+\tau)] = R_x(\tau) \qquad (2-23)$$

$$c_{3x}(\tau_1, \tau_2) = E[x(n)x(n+\tau_1)x(n+\tau_2)] \qquad (2-24)$$

$$c_{4x}(\tau_1, \tau_2, \tau_3) = E[x(n)x(n+\tau_1)x(n+\tau_2)x(n+\tau_3)] -$$
$$R_x(\tau_1)R_x(\tau_2 - \tau_3) - R_x(\tau_2)R_x(\tau_3 - \tau_1) -$$
$$R_x(\tau_3)R_x(\tau_1 - \tau_2) \qquad (2-25)$$

## 2.2.4 高斯过程的高阶矩和高阶累积量

高斯(正态)分布的随机变量与随机过程在概率论、数理统计及时间序列分析中有着十分重要的作用。下面着重分析一下高斯过程的高阶矩与高阶累积量。

1. 高斯随机变量

设一个零均值的高斯随机变量 $\xi \sim N(0, \sigma^2)$, $\sigma^2 > 0$,其特征函数(矩生成函数)由 $\varphi_\xi(w) = e^{-j(1/2)w^2\sigma^2}$ 给定。则其累积量生成函数为

$$\psi_\xi(w) = \ln(\varphi_\xi(w)) = -\frac{1}{2}jw^2\sigma^2 \qquad (2-26)$$

从式(2-26)可以看出 $\psi_\xi(w)$ 仅仅是自变量 $w$ 的二次函数,则

$$c_1 = 0 = m_1 \qquad (2-27)$$

$$c_2 = \sigma^2 = m_2 \qquad (2-28)$$

$$c_k = 0, k \geqslant 3 \qquad (2-29)$$

由此可以根据 C - M 公式,得到高斯随机变量高阶矩的一般表达式为

$$m_k = E\{\xi^k\} = \begin{cases} 0, & \text{若 } k \text{ 为奇数} \\ 1, 3, \cdots, (k-1)\sigma^k, & \text{若 } k \text{ 为偶数} \end{cases} \qquad (2-30)$$

式(2-30)适用于零均值的高斯随机过程。

2. 高斯分布的随机向量

设 $n$ 维随机向量 $\boldsymbol{x} = [x_1, x_2, \cdots, x_n]^T$,它的均值为 $\boldsymbol{a} = [a_1, a_2, \cdots, a_n]^T$,协方差矩阵为

$$\boldsymbol{R} = \begin{pmatrix} r_{11} & r_{12} & \cdots & r_{1n} \\ r_{21} & r_{22} & \cdots & r_{2n} \\ \vdots & \vdots & & \vdots \\ r_{n1} & r_{n2} & \cdots & r_{nn} \end{pmatrix} \qquad (2-31)$$

$\boldsymbol{R}$ 为非负定矩阵,其中 $|a_i| < \infty$,并且

$$r_{ij} = E\{(x_i - a_i)(x_j - a_j)\}, \quad i, j = 1, 2, \cdots, n \qquad (2-32)$$

高斯(正态)分布的随机向量特征函数具有如下形式:

$$\varphi(w) = e^{j\boldsymbol{a}^T\boldsymbol{w} - (1/2)\boldsymbol{w}^T\boldsymbol{R}\boldsymbol{w}}, \text{其中 } \boldsymbol{w} = [w_1, w_2, \cdots, w_n]^T \qquad (2-33)$$

根据第一、二特征函数的关系很容易得到,高斯随机向量 $\boldsymbol{x}$ 的累积量生成函数为

$$\begin{aligned} \psi(w) &= \ln(\varphi(w)) \\ &= j\boldsymbol{a}^T\boldsymbol{w} - \frac{1}{2}\boldsymbol{w}^T\boldsymbol{R}\boldsymbol{w} \\ &= j\sum_{i=1}^{n} a_i w_i - \frac{1}{2}\sum_{i=1}^{n}\sum_{j=1}^{n} r_{ij} w_i w_j \end{aligned} \qquad (2-34)$$

根据累积量的定义,$(x_1, x_2, \cdots, x_n)$ 的 $r = v_1 + v_2 + \cdots + v_n$ 阶累积

量计算如下：

（1）$r=1$，即 $v_1 + v_2 + \cdots + v_n$ 中仅取某一个值为 1（设 $v_i = 1$），而其他值均取零，则矩与累积量为

$$m_{0\cdots010\cdots0} = (-j)\frac{\partial\varphi(w)}{\partial w_i}\bigg|_{w_1=w_2=\cdots=w_n=0} = a_i = E\{x_i\} \quad (2-35)$$

$$c_{0\cdots010\cdots0} = (-j)\frac{\partial\psi(w)}{\partial w_i}\bigg|_{w_1=w_2=\cdots=w_n=0} = a_i = E\{x_i\} \quad (2-36)$$

（2）$r=2$，此时必须分两种情况进行讨论。

①$v_i(i=1,2,\cdots,n)$ 中 $v_i$ 取 2，其余值取零。则

$$m_{0\cdots020\cdots0} = (-j)^2\frac{\partial^2\varphi(w)}{\partial w_i^2}\bigg|_{w_1=w_2=\cdots=w_n=0} = a_i^2 + r_{ii} \quad (2-37)$$

$$c_{0\cdots020\cdots0} = (-j)^2\frac{\partial^2\psi(w)}{\partial w_i^2}\bigg|_{w_1=w_2=\cdots=w_n=0} = r_{ii} = E\{(x_i - a_i)^2\}$$

$$(2-38)$$

②$v_l(l=1,2,\cdots,n)$ 中 $v_i$ 和 $v_j(i\neq j)$ 取 1，其余值取零。则

$$m_{0\cdots010\cdots010\cdots0} = (-j)^2\frac{\partial^2\varphi(w)}{\partial w_i \partial w_j}\bigg|_{w_1=w_2=\cdots=w_n=0} = a_i a_j + r_{ij}, (i\neq j)$$

$$(2-39)$$

$$c_{0\cdots010\cdots010\cdots0} = (-j)^2\frac{\partial^2\psi(w)}{\partial w_i \partial w_j}\bigg|_{w_1=w_2=\cdots=w_n=0}$$

$$= r_{ij}$$

$$= E\{(x_i - a_i)(x_j - a_j)\}, (i\neq j) \quad (2-40)$$

（3）$r\geqslant 3$，从上面的讨论可知，$\psi(w)$ 只是自变量 $w_i$ 的二次多项式，故 $\psi(w)$ 关于自变量的三次高阶的导数恒等于零，所以

$$c_{v_1,v_2,\cdots,v_n} \equiv 0, r\geqslant 3 \quad (2-41)$$

下面讨论零均值的平稳高斯随机过程 $\{x(n)\}$，设 $x_1 = x(n)$，$x_2 = x(n+\tau_1)$，$\cdots$，$x_k = x(n+\tau_{k-1})$，由随机过程的高阶矩和高阶累积量的定义式知，$\{x(n)\}$ 的各阶累积量为

$$c_{1x} = E\{x(n)\} = 0 = m_{1x} \quad (2-42)$$

$$c_{2x} = E\{x(n)x(n+\tau)\} = r(\tau) = m_{2x} \qquad (2-43)$$

$$c_{kx}(\tau_1, \tau_2, \cdots, \tau_{k-1}) \equiv 0, \quad k \geqslant 3 \qquad (2-44)$$

由矩 - 累积量公式可知

$$m_{kx}(\tau_1, \tau_2, \cdots, \tau_{k-1}) \begin{cases} \equiv 0, & \text{若 } k \geqslant 3, \text{且为奇数} \\ \neq 0, & \text{若 } k \geqslant 4, \text{且为偶数} \end{cases} \qquad (2-45)$$

从上面各式可以看出,任何高斯过程的高阶累积量恒等于零,理论上完全可以抑制高斯噪声,而高斯随机过程的高阶矩并不恒等于零。

## 2.2.5 累积量的重要性质

高阶累积量具有一系列重要的性质,下面分别给出。

性质一:设 $a_i(i=1,2,\cdots,k)$ 是常数,$x_i(i=1,2,\cdots,k)$ 为随机变量,则

$$\mathrm{cum}(a_1 x_1, a_2 x_2, \cdots, a_k x_k) = \prod_{i=1}^{k} a_i \mathrm{cum}(x_1, x_2, \cdots, x_k)$$

$$(2-46)$$

性质二:累积量相对于其变元具有可加性。

$$\mathrm{cum}(x_0 + y_0, z_1, z_2, \cdots, z_k) = \mathrm{cum}(x_0, z_1, z_2, \cdots, z_k) + \\ \mathrm{cum}(y_0, z_1, z_2, \cdots, z_k) \qquad (2-47)$$

性质三:累积量对于其变元具有对称性。

$$\mathrm{cum}(x_1, x_2, \cdots, x_k) = \mathrm{cum}(x_{i_1}, x_{i_2}, \cdots, x_{i_k}) \qquad (2-48)$$

式中,$(i_1, i_2, \cdots, i_k)$ 是 $(1, \cdots, k)$ 的一个排列。

性质四:若 $m$ 是常数,则

$$\mathrm{cum}(m + z_1, z_2, \cdots, z_k) = \mathrm{cum}(z_1, z_2, \cdots, z_k) \qquad (2-49)$$

性质五:若随机变量 $\{x_i\}$ 与随机变量 $\{y_i\}$ 彼此相互独立,$i=1, 2, \cdots, k$,则

$$\mathrm{cum}(x_1 + y_1, x_2 + y_2, \cdots, x_k + y_k) = \mathrm{cum}(x_1, x_2, \cdots, x_k) + \\ \mathrm{cum}(y_1, y_2, \cdots, y_k) \qquad (2-50)$$

由性质五得到一个重要的结论:若一个非高斯信号在与之独立的加性高斯噪声中观测,观测过程的高阶累积量与非高斯过程的高阶累积量恒等。因而再一次证明了使用高阶累积量作为分析工具时,理论上可完全抑制高斯噪声的影响。

性质六:若 $k$ 个随机变量 $\{x_i\}$ $(i = 1, 2, \cdots, k)$ 的一个子集与其他部分独立,则

$$\mathrm{cum}(x_1, x_2, \cdots, x_k) = 0 \qquad (2 - 51)$$

在实际中,通常习惯利用高阶累积量,而不使用高阶矩作为时间序列分析的数学工具,主要原因如下:

(1)理论上高阶累积量可以消除高斯噪声的影响,而高阶矩则不能。

(2)高阶白噪声的高阶累积量为多维冲激函数,该噪声的多谱是多维平坦的。

(3)累积量问题的解具有唯一性,而矩没有。

(4)两个统计独立随机过程的累积量等于各个随机过程的累积量之和,而高阶矩则不等。

# 2.3　双谱的性质与算法

高阶谱中的双谱阶数最低、计算量小、处理方法简单、含有功率谱中所没有的相位信息,同时又能抑制高斯噪声。因此双谱成为高阶谱分析与研究中最常用的方法。下面主要分析双谱的算法与性质。

## 2.3.1　双谱的算法

直接法与间接法是常用的两种双谱算法,下面介绍这两种方法

的具体算法。

设 $x(1),x(2),\cdots,x(n)$ 为一组观测数据,并设 $f_s$ 为采样频率,$\Delta = f_s/N$ 是在双谱区域沿水平和垂直方向上所要求的两频率采样点之间的间隔,即 $N$ 为总的频率采样数。

1. 直接法

步骤1:将给出的数据分成 $K$ 段,每段含有 $M$ 个观测样本,即 $N = KM$,并对每段数据减去该段的均值。如有必要,在每段数据中增添零以满足快速傅里叶变换(FFT)的通用长度 $M$ 的要求。

步骤2:计算离散傅里叶变换(DFT)系数。

$$Y^{(i)}(\lambda) = \frac{1}{M}\sum_{n=0}^{M-1}y^{(i)}(n)\exp(-\mathrm{j}2\pi n\lambda/M), \quad i = 1,2,\cdots,K$$

$$(2-52)$$

式中,$\lambda = 0,1,\cdots,M/2$;$y^{(i)}(n)$ 是第 $i$ 段数据。

步骤3:计算 DFT 系数的三重相关。

$$\hat{b}(\lambda_1,\lambda_2) = \frac{1}{\Delta^2}\sum_{-L_1}^{L_1}\sum_{-L_1}^{L_1}Y^{(i)}(\lambda_1+k_1)Y^{(i)}(\lambda_2+k_2)\cdot$$

$$Y^{(i)}(-\lambda_1-\lambda_2-k_1-k_2) \qquad (2-53)$$

步骤4:所给数据的双谱估计由 $K$ 段双谱估计的平均值给出,即

$$B_x(w_1,w_2) = \frac{1}{K}\sum_{i=1}^{K}\hat{b}_i(w_1,w_2) \qquad (2-54)$$

式中,$w_1 = \dfrac{2\pi f_s}{N}\lambda_1$;$w_2 = \dfrac{2\pi f_s}{N}\lambda_2$。

2. 间接法

步骤1:将给出的数据分成 $K$ 段,每段含有 $M$ 个观测样本,即 $N = KM$,并对每段数据减去该段的均值。

步骤2:设 $\{x^{(i)}(n),n=1,2,\cdots,M-1\}$ 是第 $i$ 段数据,估计各段的三阶累积量为

$$c^{(i)}(l,k) = \frac{1}{M}\sum_{i=M_1}^{M_2} x^{(i)}(t)x^{(i)}(t+l)x^{(i)}(t+k), \quad i=1,2,\cdots,k$$

$$(2-55)$$

式中,$M_1 = \max(0,-1,-k)$;$M_2 = \min(M-1,M-1-l,M-1-k)$。

步骤3:取所有数据段的三阶累积量的平均作为整个观测数据组的三阶累积量估计,即

$$\hat{c}(k,l) = \frac{1}{K}\sum_{i=1}^{K} c^{(i)}(l,k)$$

$$(2-56)$$

步骤4:产生双谱估计,即

$$\hat{B}_x(w_1,w_2) = \sum_{l=-L}^{L}\sum_{l=-L}^{L} \hat{c}(l,k)w(l,k)\exp[-j(w_1 l + w_2 k)]$$

$$(2-57)$$

式中,$w(l,k)$是二维窗函数。

无论是直接法还是间接法,通常都是高方差的,因而需要有一个很长时间的观测记录才能得到平滑的双谱估计。可以通过增加 $K$ 和 $M$ 来减小方差,但是增加分段数目,会使每段的数据减小,所以常采用使相邻两段部分重叠的方法来增加分段的个数以保持每段有尽可能多的样本。

## 2.3.2 双谱的性质

1. 双谱(bi-spectrum)

$$B_x(w_1,w_2) = C(w_1,w_2)$$

$$= \sum_{\tau_1=-\infty}^{\infty}\sum_{\tau_2=-\infty}^{\infty} c_3(\tau_1,\tau_2)\exp[-j(w_1\tau_1 + w_2\tau_2)]$$

$$(2-58)$$

2. 双谱的性质

(1)$B_x(w_1,w_2)$一般为复数,即它具有幅值与相位,即

$$B_x(w_1,w_2) = |B_x(w_1,w_2)|\exp[j\xi_B(w_1,w_2)] \qquad (2-59)$$

(2) $B_x(w_1,w_2)$ 是双周期函数,其周期为 $2\pi$,即

$$B_x(w_1,w_2) = B_x(w_1+2\pi,w_2+2\pi) \qquad (2-60)$$

(3) $B_x(w_1,w_2)$ 具有下列的对称性质:

$$B_x(w_1,w_2) = B_x(w_2,w_1)$$
$$= B_x^*(-w_2,-w_1)$$
$$= B_x^*(-w_1,-w_2)$$
$$= B_x(-w_1-w_2,w_2)$$
$$= B_x(w_1,-w_1-w_2)$$
$$= B_x(w_2,-w_1-w_2)$$
$$= B_x(-w_1-w_2,w_1) \qquad (2-61)$$

注意:$*$ 表示共轭,双谱 $B_x(w_1,w_2)$ 的对称线如图 2-1 所示,$w_1=w_2,2w_1=-w_2,2w_2=-w_1,w_1=-w_2,w_1=0$ 和 $w_2=0$。这些对称线将双谱定义区域分成 12 个扇形区,画线区域是 $C=\{0\leqslant w_1,0\leqslant w_2\leqslant w_1\}$,是连续时间信号 $x(t)$ 的双谱 $B_x(w_1,w_2)$ 在 $(w_1,w_2)$ 平面内的主域。由双谱的对称性可知,只要知道主域内的双谱,就能够完全描述所有的双谱。在实际应用中,通常是只计算主域内的双谱,然后使用对称关系求出其他扇形区内的双谱。

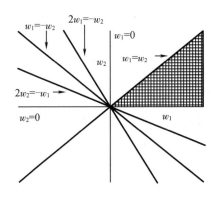

图 2-1 双谱的对称区域

对于离散时间序列信号 $x(n)$，由于采样引入一个无穷的平行的对称线族：$2w_1 + w_2 = nw_s$，$w_1 + 2w_2 = nw_s$，$2w_1 - w_2 = nw_s$ 和 $w_1 - 2w_2 = nw_s$，式中 $w_s = 2\pi f_s$ 为采样的角频率。上面的连续信号的主域 $C$ 首先被对称线 $2w_1 + w_2 = w_s$ 所切，所以离散时间信号 $x(n)$ 的双谱 $B_x(w_1, w_2)$ 的主域如图 2-2 所示，$C = \{w_1, w_2 : 0 \leqslant w_1 \leqslant w_s/2, w_2 \leqslant w_1, 2w_1 + w_2 = w_s\}$。

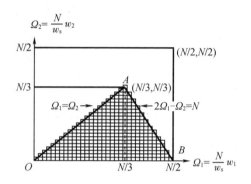

**图 2-2　离散信号的双谱主域**

由双谱的性质可知，只要知道 $w_2 \geqslant 0$，$w_1 \geqslant w_2$，$w_1 + w_2 \leqslant \pi$ 的三角形区域内的双谱（图 2-1），就可以完整表示双谱。

（4）如果 $\{x(k)\}$ 为零均值平稳高斯过程，则其三阶矩为零，双谱 $B_x(w_1, w_2)$ 也恒等于零。

（5）双谱可以测量频率 $f_1$，$f_2$ 和 $f_1 + f_2$ 之间的耦合，其耦合程度用二次相位耦合来描述。

### 2.3.3　双谱性质的仿真分析

1. 双谱可以在强噪声背景下有效地检测信号

仿真信号：$x(n) = \sum\limits_{i=1}^{3} \cos(2\pi f_i n) + e(n)$

式中,$e(n)$为零均值的高斯白噪声;$f_1 = 0.15$ Hz;$f_2 = 0.3$ Hz;$f_3 = 0.45$ Hz。仿真图形如图2-3和图2-4所示。

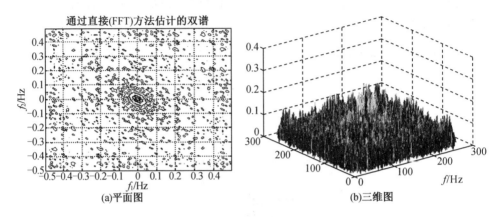

**图2-3　仿真噪声谱的平面图与三维图**

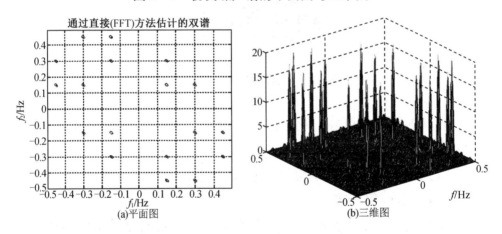

**图2-4　仿真信号双谱的平面图与三维图**

从图2-3和图2-4可以看出,双谱不仅可以将信号从噪声中检测出来,而且还可以有效地抑制高斯噪声的影响。

2. 双谱相位的敏感性

利用双谱相位敏感的特性,可以检测出信号的相位耦合项,抑制非谐波项。

仿真信号：$x(n) = \sum_{i=1}^{4} \cos(2\pi f_i n + \theta_i) + e(n)$

式中，$e(n)$ 为零均值的高斯白噪声；$f_1 = 0.1$ Hz，$\theta_1 = \frac{\pi}{6}$；$f_2 = 0.15$ Hz，

$\theta_2 = \frac{\pi}{3}$；$f_3 = 0.25$ Hz，$\theta_3 = \frac{\pi}{2}$；$f_4 = 0.375$ Hz，$\theta_4 = \frac{\pi}{4}$。仿真图形如图 2–5

和图 2–6 所示。

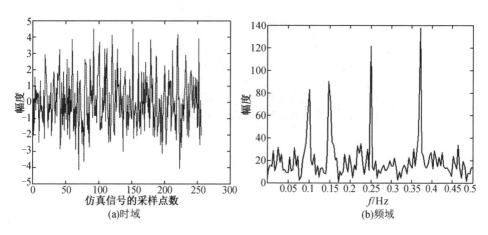

(a)时域  (b)频域

**图 2–5  仿真信号的时域与频域波形图**

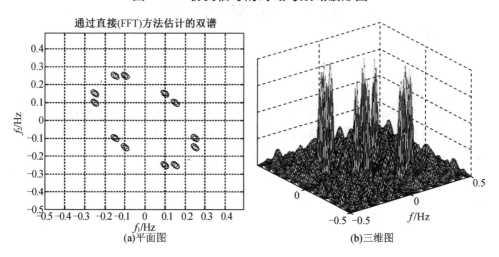

通过直接(FFT)方法估计的双谱

(a)平面图  (b)三维图

**图 2–6  仿真信号双谱的平面图与三维图**

从图 2 - 7 中可以看出,双谱图上仅出现了参加耦合与耦合形成的分量,而没有显示独立的分量,所以说双谱可以抑制非谐波耦合项,而功率谱不能检测信号的相位信息。

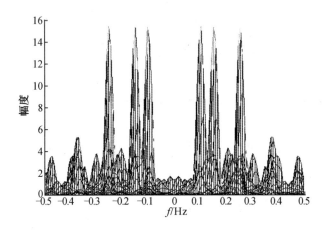

**图 2 - 7  仿真信号双谱的二维变换图**

# 2.4  本 章 小 结

本章是全书的理论基础,主要介绍了高阶统计量的概念、定义、性质及四种统计量之间的关系,从理论上证明了高阶统计量及其对应的高阶谱可完全抑制高斯噪声的影响,着重分析了高阶谱中阶数最低、计算量小、处理方法简单的双谱的算法与性质。

# 第3章 基于 $1\frac{1}{2}$ 维谱提取舰船辐射噪声包络线谱

特征提取,就是提取一些能表征目标物理特性的参数,这需要对原始数据进行不同变换,从而得到最能表征目标特征的本质特征。变换的目的就是压缩数据和抑制噪声,将测量空间中所表征的高维目标模式变为特征空间中的低维目标模式,以剔除多余的数据和噪声,减少识别的干扰。水中目标识别主要是基于舰船辐射噪声所含的线谱与连续谱。虽然在实际工况中,舰船的航速、距离、方向等都在不断变化,但同类舰船的线谱与连续谱结构仍具有某些方面的相似性,而不同类型舰船却有很大的差异。基于高阶统计量的 $1\frac{1}{2}$ 维谱,由于它是双谱的一种特殊情况(双谱矩阵的对角线),因此它既保留了高阶谱可抑制加性噪声的优良特性,又简化了计算,便于试验应用。而且由于 $1\frac{1}{2}$ 维谱对低频分量的加强作用,对提取信号中较弱的低频分量将特别有效。本书主要应用 $1\frac{1}{2}$ 维谱来进行特征提取。

## 3.1 舰船辐射噪声谱特性

研究舰船辐射噪声谱具有重大的意义。舰船辐射噪声谱中包含了有关舰船的丰富信息,不同舰船由于船体结构、船型、螺旋桨大小、叶片数、动力装置等内在结构的差异,所辐射的噪声也不同。可以对其噪声进行特征处理,以得到表征舰船类型的特征量。

在被动声呐系统中,通过对辐射噪声的深入认识,借助信号处理的手段,可以检测到目标并能识别出目标的类型。

### 3.1.1 舰船辐射噪声的噪声谱

舰船、潜艇和鱼雷在航行和作业时,推进器和各种机械都在工作,它们产生的振动通过船体向水下辐射声波,这是舰船辐射的重要噪声源。

舰船、潜艇和鱼雷辐射的噪声是众多噪声源的综合效应,主要包括推进器、往复式机械和各种泵等,它们产生噪声的机理各不相同,因此辐射噪声谱的形式也比较复杂。众所周知,噪声谱有两种基本类型,一种是单频噪声,它的谱为线谱,这也是本书研究的重点,如图 3 – 1(a)所示;另一种是宽带的连续谱,噪声级是频率的连续函数,如图 3 – 1(b)所示;然而,对于舰船辐射噪声而言,实际的噪声在很大的频率范围内是上述两类噪声混合而成,其频谱图表现为线谱和连续谱的叠加,如图 3 – 1(c)所示。

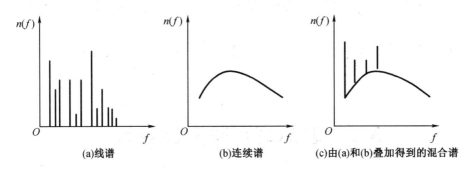

图 3 – 1　舰船辐射噪声谱示意图

### 3.1.2　辐射噪声源及其一般特性

由于舰船辐射噪声的谱图特性紧密对应于舰船的辐射噪声源，所以可以通过分析舰船辐射的噪声谱图来达到识别舰船目标的目的。例如，舰船辐射噪声的轴频对应于螺旋桨转速和叶片数。舰船辐射噪声主要包括机械噪声、螺旋桨噪声、水动力噪声，因此了解舰船辐射噪声的噪声源非常重要。

机械噪声指航行或作业舰船上的各种机械的振动，通过船体向水下辐射而形成的噪声。它是舰船辐射噪声低频段的主要成分。

螺旋桨噪声指旋转着的螺旋桨所辐射的噪声，包括螺旋桨空化噪声和螺旋桨叶片振动时所产生的噪声。因为空化噪声是由大量大小不等的气泡随机破裂引起的，所以空化噪声表现为连续谱，其典型频谱如图 3 – 2 所示。

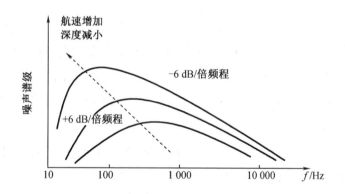

**图 3 – 2　空化噪声谱随航速和深度的变化关系**

在高频段，空化噪声的谱级随频率的增高大约以 6 dB/倍频程的斜率下降；在低频段则随频率的增高而增高（在实际测量中往往被其他噪声所掩盖）。因此，谱线形成一个峰，这个峰通常在 100 ~ 1 000 Hz十倍频内，而且随航速和深度变化，图 3 – 2 中的箭头表示了这种规律。由图 3 - 2 可知,当航速增加和深度变浅时,谱峰向低频段移动,这是因为在高航速和浅深度情况下,容易产生大的空化气泡,因而产生大量的低频噪声,使谱峰向低频端移动。

除空化噪声外,螺旋桨噪声的另一主要部分是所谓的"唱音"。它是由螺旋桨叶片拍击、切割水流而引起的,所以又称为旋转噪声。唱音是一种线谱噪声分量,其频谱是与叶片数及螺旋桨转速直接有关的叶片速率谱,满足如下关系:

$$f_m = mns \qquad\qquad (3-1)$$

式中,$f_m$ 为频谱对应的频率;$m$ 为谐波次数;$n$ 为螺旋桨叶片数;$s$ 为螺旋桨转速。

这种唱音表现为叠加在连续谱上的线谱,它是潜艇低频段(1～100 Hz)噪声的主要成分。这种频谱特性常被声呐系统用作识别目标和估计目标航速的依据。

水动力噪声指不规则的、起伏的海流流过运动的船只表面而形成的噪声,是水流动力作用于舰船的结果。

一般情况下,舰船水动力噪声在强度方面往往被机械噪声和螺旋桨噪声所掩盖。但在特殊情况下,当结构部件或空腔被激励成强烈线谱噪声的谐振源时,水动力噪声有可能在线谱出现范围内成为主要噪声源。机械噪声和螺旋桨噪声这两种噪声哪种更重要,取决于频率、航速和深度。

图 3 - 3 所示为潜艇在两种不同航速下的噪声谱图,图 3 - 3(a) 是低航速情况的噪声谱,图 3 - 3(b) 是高航速情况的噪声谱。

在图 3 - 3(a) 中,空化噪声刚开始出现,谱的低频段主要为机械噪声谱和螺旋桨叶片速率谱线。随着频率增高,这些谱线不规则地降低。有时连续谱背景上会叠加一条或一组高频谱线,它们是由螺旋桨叶片共振产生的,如船上装有噪声大的减速器,即可能是这种强线谱的源。

在图 3 - 3(b) 中,因潜艇航速较高,螺旋桨空化噪声谱增强并移向低频端,导致某些谱线的声级变大,而以恒速运转的机械产生的谱线并不变化,不受航速增加的影响。可见在高航速时,螺旋桨空化噪声的连续谱更为重要,掩盖了很多线谱。另外螺旋桨噪声还与航行深度有关,表现为航速一定时,螺旋桨噪声随深度增加而降低。

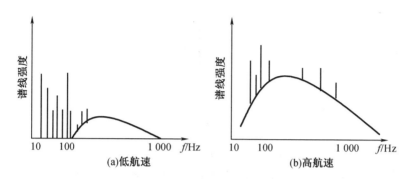

**图 3－3 潜艇在两种不同航速下的噪声谱图**

综上所述,可以看出对给定的航速和深度,存在一个临界频率,低于此频率时,频谱的主要成分是船的机械和螺旋桨的线谱,高于此频率时,频谱的主要成分则是螺旋桨空化的连续噪声谱。对于普通的舰船和潜艇,临界频率在 100~1 000 Hz,其值取决于船的种类、航速和深度。

### 3.1.3 声源的噪声级与航速的关系

由螺旋桨工作与流经艇体的紊流引起的水下噪声同属于水动力性质的噪声。其噪声级与潜艇航速(螺旋桨转速)紧密相关是这类噪声的显著特点,噪声级正比于航速的 2.5~3.5 次幂(在空化开始出现时,对螺旋桨空化来说,在其强烈增长的阶段,其幂指数还会更高,通常在 5~15)。

对于舰船机械系统工作引起的水下噪声,其特点是噪声级与航速呈低速增长,或声级与航速实际上无关(对于固定工况下工作的辅助机械)。图3-4所示为不同声源的水下噪声级与航速的关系。

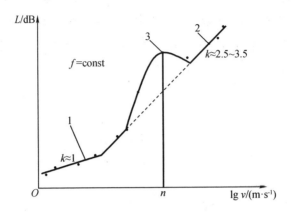

1—机械噪声;2—水动力噪声;3—由于离散成分而产生的叶频噪声;k—幂指数。

**图3-4　不同声源的水下噪声级与航速的关系**

本书重点研究的是水下、水面噪声源的线谱分量。

# 3.2　$1\frac{1}{2}$维谱的性质与算法

高阶统计量的计算量随着阶数的增加而增大,这给实际应用带来了很大的困难。正因为如此,高阶统计量的简化计算方法$1\frac{1}{2}$维谱得到了广泛的应用,它既保留了高阶谱可抑制加性高斯噪声的性质,又简化了计算。在本书中主要是采用$1\frac{1}{2}$维谱对舰船辐射噪声进行特征提取。

### 3.2.1 1$\frac{1}{2}$维谱的定义

**定义 3.1** 设随机变量 $x(t)$,其三阶累积量 $c_{3x}(\tau_1, \tau_2)$ 的对角切片 $c_{3x}(\tau, \tau)$ ($\tau_1 = \tau_2 = \tau$) 的傅里叶变换定义为 1$\frac{1}{2}$维谱 $C(w)$ 为

$$C(w) = \int_{-\infty}^{\infty} \int_{-\infty}^{\infty} [x(t)x^2(t+\tau)\mathrm{d}t] \mathrm{e}^{-jw\tau} \mathrm{d}\tau \qquad (3-2)$$

其具体计算公式为

$$C(w) = \int_{-\infty}^{\infty} x(t) \mathrm{e}^{-j(-w)t} \mathrm{d}t \int_{-\infty}^{\infty} x^2(t+\tau) \mathrm{e}^{-jw(t+\tau)} \mathrm{d}(t+\tau)$$

$$= x^*(w)[x(w) \cdot x(w)] \qquad (3-3)$$

式中, $x(w)$ 是 $x(t)$ 的傅里叶变换。

对离散信号的计算方法如下。

假定观测数据为 $\{x_1, x_2, \cdots, x_{N=KM}\}$ 共 $K$ 个记录,每个记录有 $M$ 个数据,则 1$\frac{1}{2}$维谱可估计如下:

(1)对每个记录零均值化。

(2)分别计算每个记录的三阶累积量

$$C^{(i)}(\tau) = \frac{1}{M} \sum_{n=s_1}^{s_2} x^{(i)}(n) x^{(i)}(n+\tau) x^{(i)}(n+\tau) \qquad (3-4)$$

式中, $i = 1, 2, \cdots, k$; $s_1 = \max(0, -\tau)$; $s_2 = \min(M-1, M-1-\tau)$。

(3)对每个记录的 $C^{(i)}(\tau)$ 取平均,得

$$\hat{C}(\tau) = \frac{1}{K} \sum_{i=1}^{K} C^{(i)}(\tau) \qquad (3-5)$$

(4)对 $\hat{C}(\tau)$ 做一维傅里叶变换,即可得到信号的 1$\frac{1}{2}$维谱。

在使用 1$\frac{1}{2}$维谱分析非线性相位耦合现象时,要适当地给离散信号序列分段,折中选取 $M$ 和 $K$ 的值,这样可以获得较小的方差。

## 3.2.2 $1\frac{1}{2}$维谱的性质与仿真

性质一:设 $x(t)$ 为零均值,基频是 $w_0$ 的 $n$ 次实谐波信号,在幅值 $a$ 相等、相位为零的情况下,当 $|w_m| < |w_l|$ 时有

$$c(w_m) > c(w_l), w_m = mw_0, m = \pm 1, \pm 2, \cdots, \pm n$$
$$w_l = lw_0, l = \pm 1, \pm 2, \cdots, \pm n \qquad (3-6)$$

其证明过程参考文献[29]。

仿真信号:基频 $f_0 = 10$ Hz,采样频率 $f_s = 512$ Hz,信号长度 $N = 2\,048$,则有

$$s = \sum_{i=1}^{4} \cos(2\pi i f_0 t) + \text{noise} \qquad (3-7)$$

仿真图形如图 3-5 和图 3-6 所示。

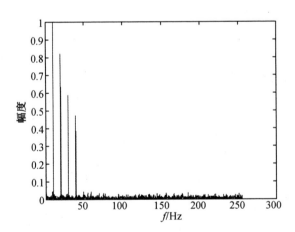

图 3-5　$1\frac{1}{2}$谱对基频的加强作用

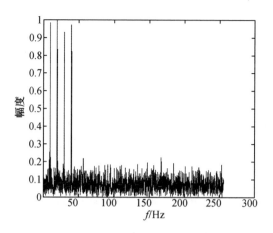

图3-6 与图3-5相对应的功率谱图

比较图3-5与图3-6可以看出,1$\frac{1}{2}$维谱在分析谐波信号时,信号的基频分量可以得到加强,这对抽取信号中较弱的基频非常有利。

性质二:设$n(t)$为零均值的高斯噪声,则有$c_{3n}(w) \equiv 0$,证明过程参考文献[27]。

仿真信号:基频$f_0 = 10$ Hz,采样频率$f_s = 512$ Hz,信噪比SNR $= -4$ dB,则有

$$s = \sum_{i=1}^{4} \cos(2\pi i f_0 t) + \text{noise} \qquad (3-8)$$

仿真图形如图3-7和图3-8所示。

比较图3-7与图3-8可以看出,1$\frac{1}{2}$维谱去除噪声的能力明显好于功率谱。虽然在前面已证明了1$\frac{1}{2}$维谱从理论上可以完全去除高斯白噪声的影响。但是由于此处所选用的噪声数据点数是有限的,所以在图形上还是可以看到噪声的影响效果。

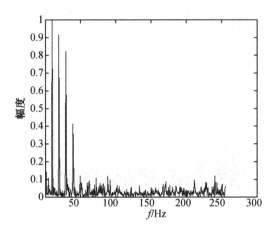

图 3 -7　$1\dfrac{1}{2}$ 维谱去噪图

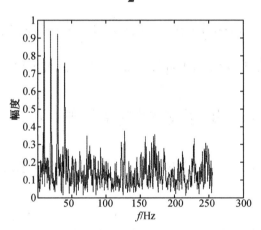

图 3 -8　与图 3 -7 对应的功率谱图

性质三:设 $x(t)$ 是谐波信号,$w_m$、$w_p$、$w_q$ 为其三个谐波分量,若 $w_m \neq w_p + w_q$,则

$$C(w_m) = 0 \qquad (3-9)$$

仿真信号:基频 $f_0 = 10$ Hz,$f_1 = 24$ Hz,$f_2 = 45$ Hz,采样频率 $f_s = 512$ Hz,信号长度 $N = 2\ 048$,则有

$$s = \sum_{i=1}^{8} \cos(2\pi i f_0 t) + \cos(2\pi f_1 t) + \cos(2\pi f_2 t) \qquad (3-10)$$

仿真图形如图3-9和图3-10所示。

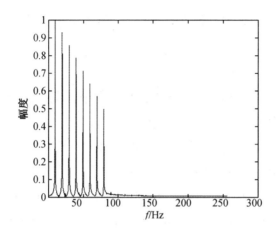

**图3-9 1$\frac{1}{2}$维谱去除信号中非耦合谐波项**

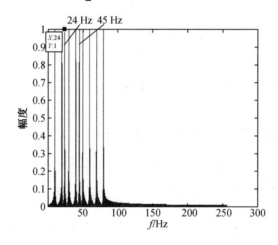

**图3-10 与图3-9对应的功率谱图**

比较图3-9与图3-10,可以清楚地看到,在图3-10中非相位耦合项($f_1 = 24$ Hz,$f_2 = 45$ Hz)功率谱谱线清晰可见,但在图3-9中根本不存在,这足以说明1$\frac{1}{2}$维谱对非相位耦合谐波项的去除能力很好。

# 3.3　舰船辐射噪声仿真模型

通过大量的试验得知,舰船辐射噪声中的螺旋桨空化噪声会受到螺旋桨叶片速率线谱分量的调制产生调制谱,使得我们可以从高频谱中解读低频线谱的信息。这就是常用的 DEMON 谱分析方法,它是通过提取连续信号的包络得到线谱分量。由于调制谱分布在很宽的频带内,受多途影响小,因此通过 DEMON 谱分析可以得到更加稳定的线谱。为了验证算法的有效性,必须要有舰船辐射噪声数据,而在处理真实海试数据之前,需要建立合理的仿真模型,进行仿真。根据舰船辐射噪声的主要声学特性的仿真方法,仿真数据主要包括线谱分量、连续谱分量及调制包络谱分量。

## 3.3.1　接收目标的数理模型

被动声呐接收到一个信号时,波束输出 $x(t)$ 为

$$x(t) = C_a \left[ \sum A_n \cos(n\Omega_1 t + \varphi_{1n}) \right] \cos(\omega_0 t + \varphi_a) \quad (3-11)$$

被动声呐接收到两个目标信号时,波束输出 $x(t)$ 为

$$x(t) = C_a \left[ \sum A_n \cos(n\Omega_1 t + \varphi_{1n}) \right] \cos(\omega_0 t + \varphi_a) +$$

$$C_b \left[ \sum B_n \cos(n\Omega_2 t + \varphi_{2n}) \right] \cos(\omega_0 t + \varphi_b) \quad (3-12)$$

式(3-11)和式(3-12)都是窄带表达式。$\omega_0$ 为中心角频率,$\varphi_a$ 和 $\varphi_b$ 为随机相位,它们是相互独立的,这意味着两个目标信号是相互独立的带限随机噪声。$C_a$ 和 $C_b$ 表示两个目标信号的强弱。$\Omega_1$ 和 $\Omega_2$ 为包络谱的基频,用于仿真舰船辐射噪声的基频。$\varphi_{1n}$ 和 $\varphi_{2n}$ 分别为包络的初相位,它们是任意给定的数。

34

容易得到式(3-11)和式(3-12)的包络为

$$E(t) = C_a \left[ \sum A_n \cos(n\Omega_1 t + \varphi_{1n}) \right] \tag{3-13}$$

$$E^2(t) = \left[ F_a \cos \varphi_a + F_b \cos \varphi_b \right]^2 + \left[ F_a \sin \varphi_a + F_b \sin \varphi_b \right]^2$$

$$\tag{3-14}$$

式中, $F_a = C_a \left[ \sum A_n \cos(n\Omega_1 t + \varphi_{1n}) \right]$; $F_b = C_b \left[ \sum B_n \cos(n\Omega_2 t + \varphi_{2n}) \right]$ 。

由式(3-13)与式(3-14)可知,两个目标信号和的包络谱具有两个目标包络谱的交叉成分,由此可以看出两个目标的包络谱难以分开。

1.仿真系统结构

图3-11 所示为两目标舰船辐射噪声仿真结构框图。

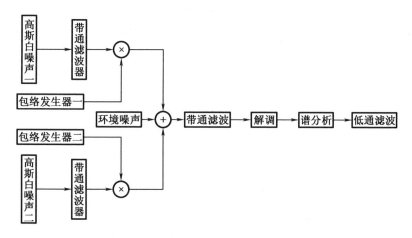

**图 3-11　两目标舰船辐射噪声仿真结构框图**

(1)包络发生器一和包络发生器二分别产生式(3-14)中的包络。

(2) $A_n = \Omega_1 n \mathrm{e}^{-\alpha n}, B_n = \Omega_2 n \mathrm{e}^{-\beta n}$, $n$ 表示两个包络分别有 $n$ 阶包络频率。例如,取 $\Omega_1 = 7$ Hz, $\Omega_2 = 10$ Hz,用它们来仿真具有不同基频的两个信号。

(3)高斯白噪声一和高斯白噪声二通过带通滤波器后再分别和

包络一、包络二调制,最后两者相加,仿真了连续谱和线谱的叠加,即信号 $x(t)$。

（4）环境噪声是和信号 $x(t)$ 不相关的高斯白噪声,仿真了接收机接收到的其他噪声。

在舰船辐射噪声特性中已经知道,空化噪声中包含的连续谱在高频段随着频率的增大约以 6 dB/倍频程的斜率下降,而在低频段则随着频率的增大约以 6 dB/倍频程的斜率增高,这个谱峰通常会出现在 100 ~ 1 000 Hz 十倍频内。为了仿真此连续谱,可以将高斯白噪声通过具有一定特性的滤波器中,此滤波器具有任意频率响应。

高斯白噪声通过此特性的带通滤波器即可仿真成空化噪声中所包含的连续谱分量。

总之,上述模型就是用两个目标的 DEMON 线谱作为包络,分别调制两个独立、具有一定带宽的高斯噪声,调制后的信号作为来自两个不同目标的信号。

滤波器的幅频特性曲线如图 3 - 12 所示。

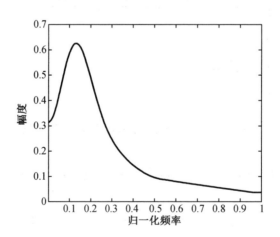

图 3 - 12　滤波器的幅频特性曲线

2. 仿真试验

①仿真试验一

目标信号的基频: $\Omega = 10$ Hz;

调制系数: 0.8;

信噪比: 5.6 dB;

谱图的采样点之间的频率间隔: 0.5 Hz。

仿真图形如图 3 - 13 和图 3 - 14 所示。

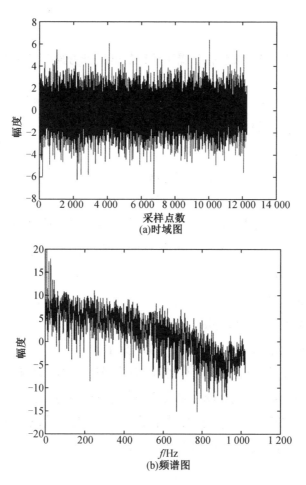

图 3 - 13　舰船辐射噪声的时域图和频谱图

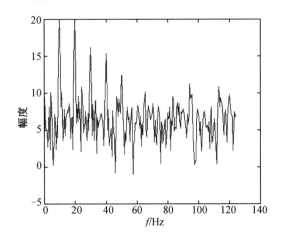

**图 3-14 舰船辐射噪声频谱的低频部分局部放大图**

图 3-13 为仿真的时域图和频谱图,图 3-14 为频谱图的低频部分局部放大图,从中可以较清楚地看到目标基频和它的谐波。

②仿真试验二

目标信号一的基频:$\Omega_1 = 21$ Hz;

目标信号二的基频:$\Omega_2 = 38$ Hz;

两目标信号的能量比值:1(因为仿真试验发现两目标信号,如果能量差异过大,对目标轴频检测是有影响的);

调制系数:0.8;

信噪比:6 dB;

谱图的采样点之间的频率间隔:0.5 Hz。

仿真图形如图 3-15 和图 3-16 所示。

图 3-15 为仿真的时域图和频谱图,图 3-16 为频谱图的低频部分局部放大图,从中可以较为清楚地看到目标基频和它的谐波。

仿真试验中所涉及各个参数的设置对线谱提取以及轴频估计的影响,将在轴频提取一节中进行总结分析。

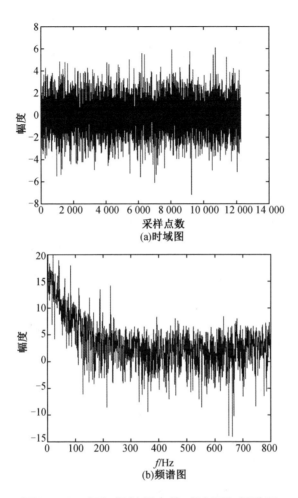

(a)时域图

(b)频谱图

图3－15 舰船辐射噪声的时域图和频谱图

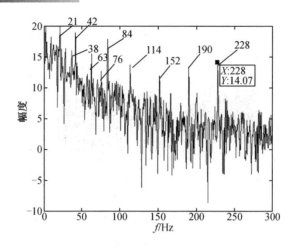

图 3-16　舰船辐射噪声频谱的低频部分局部放大图

# 3.4　舰船辐射噪声解调方法的性能分析

众所周知,螺旋桨是水面舰船、潜艇、鱼雷等水声目标的主要噪声源,螺旋桨空化噪声会产生幅度调制,具有鲜明的节奏感,通过解调处理的调制谱中存在着许多离散线谱,其频率对应着螺旋桨的轴频及其谐波。舰船辐射噪声的调制包络是调制在宽带噪声上的,对于这种信号的解调通常采用绝对值低通解调、平方低通解调及希尔伯特(Hilbert)幅值解调方法。本节主要介绍这三种经典的包络解调方法。

## 3.4.1　绝对值低通解调性能分析

绝对值低通解调是宽带噪声解调最常用的方法,绝对值低通解调的处理框图如图 3 - 17 所示。

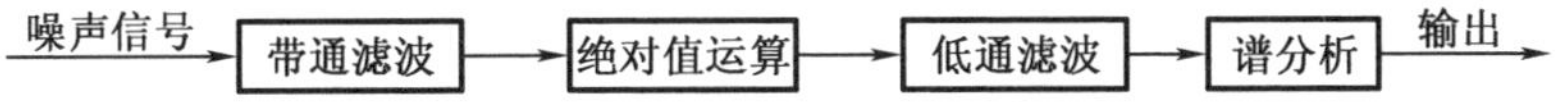

**图 3 - 17 绝对值低通解调的处理框图**

绝对值低通解调是宽带噪声解调最常用的方法,绝对值低通解调处理流程是将信号先进行带通滤波,然后利用绝对值取包络后低通滤波,最后再进行谱分析。

为了分析这种解调方法的性能,先考虑载波为单频信号的解调问题。

单频载波的调制信号可以写为

$$x(t) = A[1 + m\sin(\Omega t)]\cos(wt) \qquad (3-15)$$

式中,$A$ 是信号的幅值;$m$ 是调制系数;$w$ 是载频;$\Omega$ 是调制频率。

根据绝对值低通解调的原理,对 $x(t)$ 取绝对值得

$$|x(t)| = A[1 + m\sin(\Omega t)]|\cos(wt)|$$

$$= A[1 + m\sin(\Omega t)]\frac{4}{\pi}\left[\frac{1}{2} + \frac{1}{1\times3}\cos(2wt) - \frac{1}{3\times5}\cos(4wt) + \cdots\right]$$

$$= \frac{2A}{\pi} + \frac{2A}{\pi}m\sin(\Omega t) + \frac{4A}{3\pi}\cos(2wt) + \frac{mA}{6\pi}\sin[(2w+\Omega)t] + \cdots$$

$$(3-16)$$

从式(3 - 16)可以看出 $|x(t)|$ 中含有直流及与调制度相关的调制频率、谐波成分及其他高次谐波成分。因此采用低通滤波的方式,可以得到舰船噪声信号的调制频率成分为

$$|x(t)| = \frac{2A}{\pi} + \frac{2A}{\pi}m\sin(\Omega t) \qquad (3-17)$$

由于离散信号的谱以采样频率为周期呈现周期性,因此会产生频率混叠现象。下面仿真研究采样频率对频率混叠的影响。假设 $f_1 = 700$ Hz,$f_2 = 50$ Hz,$f_s = 4\ 096$ Hz,则信号 $x(t)$ 可以表示为

$$x(t) = \cos(2\pi f_1 t)[1 + 8\cos(2\pi f_2 t)] \qquad (3-18)$$

调幅信号的频谱图如图 3 – 18 所示,图中线谱的频率分别为 650 Hz、700 Hz 和 750 Hz,取绝对值后的包络谱图如图 3 – 19 所示。

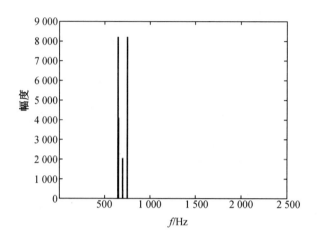

图 3 – 18　调幅信号的频谱图

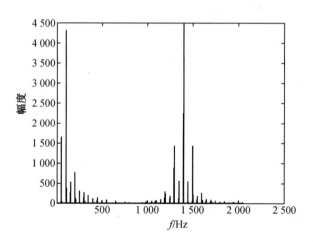

图 3 – 19　取绝对值后的包络谱图

从图 3 – 18 可见,混频仍比较明显。绝对值取出得到的包络谱存在于频率轴的低端,以及以载频的偶次谐波为中心的高端。随着谐波次数的提高,频谱幅度逐渐减小,只有当采样频率足够大,才可以减弱频率混叠的影响。

仿真包络为多根线谱,载波为带限白噪声并同时含有加性噪声的情形信号为

$$x(t) = n_1(t)\left[0.5 + \sum_{i=1}^{5}\cos(2\pi ift)\right] + n_2(t), f = 30 \text{ Hz}$$

$$(3-19)$$

调制信号含有五个线谱分量,分别为 30 Hz、60 Hz、90 Hz、120 Hz 和 150 Hz,载波 $n_1(t)$ 为窄带噪声,载波 $n_2(t)$ 为加性噪声,两噪声带宽相同,为 600 ~ 1 200 Hz,采样频率为 4 800 Hz。仿真图形如图 3 - 20 所示。

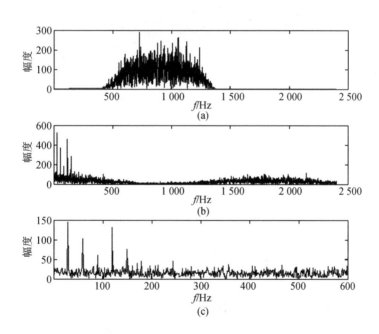

图 3 - 20　绝对值解调仿真图

图 3 - 20 所示分别为调幅信号的谱、平方取出的包络信号的谱及降采样信号所对应的谱。

利用 3.3 节提到的舰船辐射噪声的仿真模型(即载波信号为带

限白噪声),同时存在本地加性噪声干扰的情况下,利用绝对值取包络,仿真条件如下。

目标信号的基频:$\Omega = 10$ Hz;

调制系数:0.8;

信噪比:4.3 dB;

谱图的采样点之间的频率间隔:0.5 Hz。

仿真图形如图 3 –21 所示。

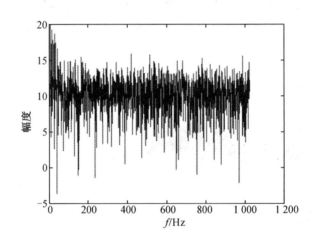

图 3 –21　单目标信号的包络谱图(绝对值解调谱)

## 3.4.2　平方低通解调性能分析

平方低通解调的处理框图如图 3 –22 所示。

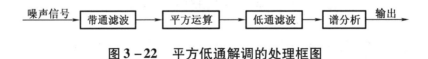

图 3 –22　平方低通解调的处理框图

为了分析这种解调方法的性能,同样也先考虑载波为单频信号的解调问题。

单频载波的调制信号也可以写为

$$x(t) = A[1 + m\cos(2\pi f_1 t)]\cos(2\pi f_2 t) \quad (3-20)$$

根据平方低通解调的原理,对 $x(t)$ 做平方非线性运算为

$$x^2(t) = A^2[1 + m\cos(2\pi f_1 t)]^2\cos^2(2\pi f_2 t)$$

$$= A^2\left[1 + 2m\cos(2\pi f_1 t) + m^2\frac{1 + \cos(2\pi 2f_1 t)}{2}\right]\frac{1 + \cos(2\pi 2f_2 t)}{2}$$

$$(3-21)$$

从式(3-21)可以看出,在 $x^2(t)$ 中含有 $f_1$ 和 $2f_1$ 分量的低频成分,还有以 $2f_2$ 为载频,以 $f_1$ 和 $2f_1$ 为调制频的高频调制部分。低通滤波后,就可以得到含有 $f_1$ 和 $2f_1$ 分量的低频成分。

$$x^2(t) = A^2\frac{1}{2}\left[1 + 2m\cos(2\pi f_1 t) + m^2\frac{1 + \cos(2\pi 2f_1 t)}{2}\right]$$

$$(3-22)$$

已知利用绝对值解调方法容易发生频率混叠的现象,在进行平方解调时同样也存在上述情况,但是由分析可知,包络谱的最高频为 $2(f_1 + f_2)$,只要采样频率满足采样定理,即大于 $4(f_1 + f_2)$,就不会发生多次频率混叠,当采样频率不满足此条件时,将在高端或低端发生混叠。所以当采样频率比较高时,最多只能发生一次频率混叠,这是平方检波优于绝对值检波的方面。

下面仿真平方检波对频率混叠的影响,调幅信号的包络频谱如图 3-23 所示。$f_1 = 700$ Hz,$f_2 = 50$ Hz,$f_s = 4\ 096$ Hz 即 $x(t) = \cos(2\pi f_1 t)[1 + \cos(2\pi f_2 t)]$。

下面仿真包络为多根线谱,载波为带限白噪声并同时含有加性噪声的情形,信号为

$$x(t) = n_1(t)\left[0.5 + \sum_{i=1}^{5}\cos(2\pi i f t)\right] + n_2(t), \quad f = 30 \text{ Hz}$$

$$(3-23)$$

调制信号含有五个线谱分量,分别为 30 Hz、60 Hz、90 Hz、120 Hz

和 150 Hz,载波 $n_1(t)$ 为窄带噪声,载波 $n_2(t)$ 为加性噪声,两噪声带宽相同,为 600 ~ 1 200 Hz,采样频率为 4 800 Hz。仿真图形如图 3 - 24 所示。

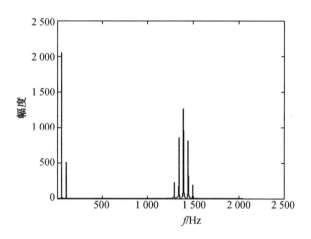

图 3 - 23  仿真信号的包络谱图(平方解调)

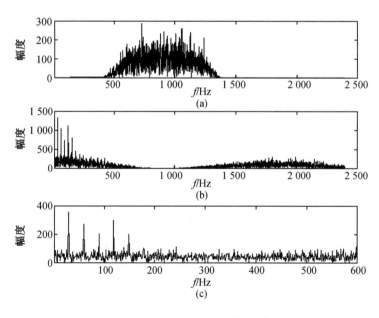

图 3 - 24  平方解调的仿真图

图 3 – 24 所示分别为调幅信号的谱、平方取出的包络信号的谱及降采样以后的包络谱。

通过低通解调处理,可以得到调制频率的一次谐波和二次谐波分量。由于舰船噪声是由多个频率分量组成的,而且宽带载波频率也不是单一的,所以在实际应用中对低通滤波器的参数(通带频率和阻带频率)选取要根据具体的工况情况而定。

利用 3.3 节提到的舰船辐射噪声的仿真模型(即载波信号为带限白噪声),同时存在本地加性噪声干扰的情况下,利用平方运算取包络,仿真条件如下。

目标信号的基频:$\Omega = 10$ Hz;

调制系数:0.8;

信噪比:4.3 dB;

谱图的采样点之间的频率间隔:0.5 Hz。

仿真图形如图 3 – 25 所示。

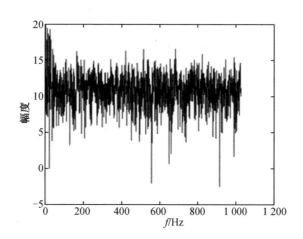

**图 3 – 25 单目标信号的包络谱图(平方解调谱)**

### 3.4.3　希尔伯特幅值解调

希尔伯特幅值解调又称正交相干解调,它是信号分析中的重要工具。对于一个实因果信号,它的傅里叶变换的实部与虚部、幅频响应及相频响应之间存在着希尔伯特变换关系。利用希尔伯特变换可以构造出相应的解析信号,使其仅含正频率成分,从而降低信号的抽样率。对于信号包络的提取,目前最常用的方法就是采用希尔伯特变换,本书研究的就是基于希尔伯特变换求出慢变化的包络。

1. 希尔伯特变换的定义

设 $x(t)$ 是一连续时间信号,其希尔伯特变换 $\hat{x}(t)$ 定义为

$$\hat{x}(t) = \frac{1}{\pi}\int_{-\infty}^{\infty}\frac{x(\tau)}{t-\tau}\mathrm{d}\tau = \frac{1}{\pi}\int_{-\infty}^{\infty}\frac{x(t-\tau)}{\tau}\mathrm{d}\tau = \frac{1}{\pi t}x(t)$$

$$(3-24)$$

$\hat{x}(t)$ 可以看成是 $x(t)$ 通过滤波器的输出,该滤波器的单位冲击响应是 $h(t) = \frac{1}{\pi t}$,由傅里叶变换的理论可知,$h(t)$ 的傅里叶变换是符号函数 $\mathrm{sgn}(\Omega)$,因此希尔伯特变换器的频率响应

$$H(\mathrm{j}\Omega) = -\mathrm{j}\,\mathrm{sgn}(\Omega) = \begin{cases} -\mathrm{j}, & \Omega > 0 \\ \mathrm{j}, & \Omega < 0 \end{cases} \qquad (3-25)$$

若记 $H(\mathrm{j}\Omega) = |H(\mathrm{j}\Omega)|\mathrm{e}^{\mathrm{j}\psi(\Omega)}$,则 $|H(\mathrm{j}\Omega)| = 1$,有

$$\psi(\Omega) = \begin{cases} -\dfrac{\pi}{2}, & \Omega \geqslant 0 \\ \dfrac{\pi}{2}, & \Omega < 0 \end{cases} \qquad (3-26)$$

这说明,希尔伯特变换是幅频特性为 1 的全通滤波器,信号 $x(t)$ 通过希尔伯特变换后,其负频率成分做正 90° 的相移。而正频率成分做 −90° 的相移。

**2. 解析信号定义**

设 $\hat{x}(t)$ 为 $x(t)$ 的希尔伯特变换,则定义 $z(t) = x(t) + j\hat{x}(t)$ 为信号 $x(t)$ 的解析信号。对上式两边做希尔伯特变换得

$$Z(j\Omega) = X(j\Omega) + j\hat{X}(j\Omega) = X(j\Omega) + jH(j\Omega)X(j\Omega) \quad (3-27)$$

由此可得

$$Z(j\Omega) = \begin{cases} 2X(j\Omega) & \Omega \geqslant 0 \\ 0 & \Omega < 0 \end{cases} \quad (3-28)$$

从式(3-28)可以看出,由希尔伯特变换构成的解析信号,只含有正频率成分,且是原信号正频率分量的2倍。由此可以看出,信号 $x(t)$ 通过希尔伯特变换器后,其频谱的幅度不发生改变,引起频谱变化的只是其相位。所以说希尔伯特变换器是一个全通滤波器。

首先看一种简单的模型,载波为单频信号,其幅度被指数信号所调制,且载波的频率远大于调制信号的带宽。

$$x(t) = Ae^{-\delta l}\sin(2\pi f_0 t) = u(t)v(t) \quad (3-29)$$

式中,$u(t) = Ae^{-\delta l}$;$v(t) = \sin(2\pi f_0 t)$;$l = t - \left\|\dfrac{t}{T}\right\|T$;$\delta$ 为阻尼系数;$T$ 为脉冲力周期;$f_0$ 为载频。仿真图形如图 3-26 所示。

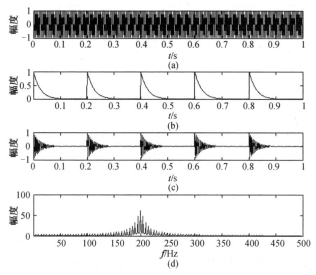

**图 3-26 仿真信号的时域与频域图形**

信号的长度为 1 s,脉冲周期为 0.2 s。图 3 – 26 所示分别为载波信号的时域波形、调制信号波形、调幅信号波形和调幅信号的谱。

调幅信号的希尔伯特变换为

$$y(t) = u(t)\sin(2\pi f_0 t + \pi/2) = u(t)\cos(2\pi f_0 t) \quad (3-30)$$

则信号的包络为

$$
\begin{aligned}
z(t) &= \sqrt{x^2(t) + y^2(t)} \\
&= u(t)\sqrt{\sin^2(2\pi f_0 t) + \cos^2(2\pi f_0 t)} \\
&= u(t) \quad\quad\quad (3-31)
\end{aligned}
$$

因此,利用希尔伯特变换可以从调幅信号中取出调制信号,所以做上述信号 $x(t)$ 的希尔伯特变换,得到如图 3 – 27 所示的包络信号波形(解析信号的模值)和包络信号的谱。

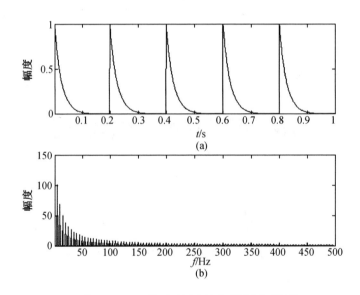

**图 3 – 27    仿真信号的包络及包络谱**

利用 3.3 节提到的舰船辐射噪声的仿真模型(即载波信号为带限白噪声),同时存在本地加性噪声干扰的情况下,利用希尔伯特变换取包络,仿真条件如下。

目标信号的基频:$\Omega = 7$ Hz;

采样频率:2 048 Hz;

调制系数:0.8;

信噪比:5 dB。

仿真图形如图 3 - 28 所示。

图 3 - 28 为包络信号的谱图,为了更清晰地显示包络,将图进行局部放大显示,从图上可以清晰地看到基频为 7 Hz 的一系列谐波。

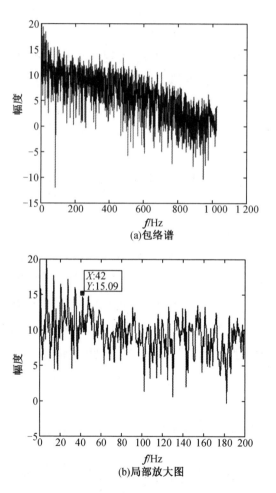

图 3 - 28　仿真信号的包络谱和局部放大图

### 3.4.4 几种解调方法的比较

从前面分析已经知道,平方低通解调比绝对值低通解调在抗频率混叠方面有优越性,前者在窄带信号条件下,只要采样频率大于最高频率的4倍,就不会出现混叠。平方低通解调与希尔伯特变换解调性能是相同的,只是前者需要4倍采样频率才能避免频率混叠,而后者只要满足采样定理即可。无论是希尔伯特变换解调、绝对值低通解调还是平方低通解调均会带来交叉项。若线谱簇含有多个基频,如目标辐射噪声受多种周期信号的调制(各基频不能通约),轴频提取就会有较大困难。因此,实际使用中采用哪种方法更合适,并没有完全确定的说法,应根据具体情况选择合适的方法。

## 3.5 DEMON 谱的净化

通过3.4节解调出来的 DEMON 谱含有代表舰船特征的线谱簇。虽然在理想的情况下线谱的幅度要比它邻近的谱线幅度高出 10 ~ 25,但是由于海洋环境的复杂性及多途效应使得 DEMON 谱图并不能很清晰地显现出代表舰船的轴频及它的谐波簇。所以必须对所得到的 DEMON 谱图进行净化,使其线谱更加明显,以利于后续的轴频提取。

### 3.5.1 自适应线谱增强

自适应线谱增强器最早是由 Widrow 等在1975年提出的。它利用宽带信号的时间相关半径极小,而周期信号为相关信号这一原理,采用横向滤波器结构和自适应算法,将周期信号从宽带信号中分离出来,实现了线谱增强。目前,基于自适应线性组合器的自适应谱线增强器已广泛应用于频谱估计及窄带滤波等领域,其原理图如图 3 - 29 所示。

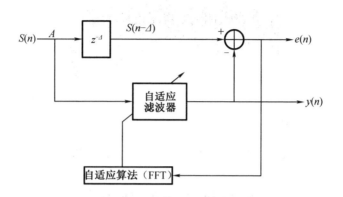

图 3 - 29　自适应谱线增强器的原理图

　　如果在 A 端加入的信号 $S(n)$ 是一个窄带信号和一个宽带噪声的混合,由于窄带信号的时间相关半径比宽带噪声的时间相关半径要长,当延迟的时间选为宽带噪声的时间相关半径 $<\Delta<$ 窄带信号的时间相关半径时,将使宽带噪声 $SN(n)$ 与 $SN(n-\Delta)$ 变得不相关,而窄带信号 $SB(n)$ 与 $SB(n-\Delta)$ 仍然相关。因而自适应滤波器的输出将是窄带信号 $SB(n)$ 的最佳估计 $SB(n)$,而 $SN(n)+SB(n)$ 与 $SB(n)$ 相减后得到的 $SN(n)$ 的最佳估计是 $SN(n)$,从而能将窄带信号 $SB(n)$ 与宽带信号 $SN(n)$ 分离开来。这样自适应滤波器的输出 $y(n)=SB(n)$ 就是所需要的信号。

　　仿真试验:

　　信号的基频为 $f_0=20$ Hz,它由 6 个谐波组成。

　　仿真的数据模型信号为

$$s=\sum_{i=1}^{6}\cos(2\pi if_0t)+\text{noise}$$

式中,noise 为带限噪声,信噪比为 $-11$ dB。仿真图形如图 3 - 30、

图 3 - 31 所示。

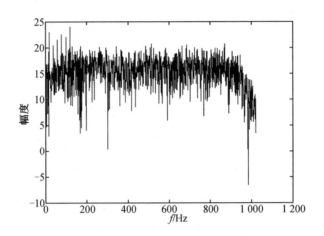

图 3 - 30    仿真信号的频域图

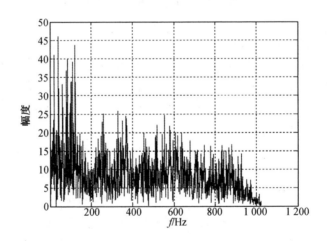

图 3 - 31    线谱增强后的频域图

从对大量的样本使用该技术分析的结果可以看出：

（1）应用自适应线谱增强可以显著地增强目标的线谱成分,提高目标的线谱检测能力。

（2）自适应线谱增强是一个学习的过程,需要一定的学习时间,需要有较长的数据序列。

（3）在实际试验中，自适应线谱增强在抑制噪声的同时，也抑制了一些功率小的线谱成分，这些线谱成分可能包含了目标的特征信息，被抑制之后将不利于目标识别。

### 3.5.2 包络周期图

在实际的分析过程中，由于目标距离较远，或者定位目标的主瓣偏移，或是旁瓣中混入干扰目标等情况，常会使采集到的目标噪声的信噪比下降，解调效果降低，对此可利用噪声的独立性，通过多幅解调谱的平均作用，使得噪声得到抑制。有时，不同的目标，不同的舰速，所对应的调制频段也不同，某些频段上调制深度大，某些频段上调制深度小。调制深度越大，取出的DEMON谱信噪比就越高。为了显示不同频段的调制情况，通常的做法是将信号通过一窄带滤波器，得到窄带信号，然后取包络。具体方法如下：将信号在频域进行划分，使每一段信号满足窄带条件，同时又不能过窄，因为频带越窄，调制信号能量就越小；取每一频带信号的包络谱，将不同频带包络谱累加，得到的就是信号在全频带内的包络谱，称之为包络周期图法，具体框架如图3-32所示。

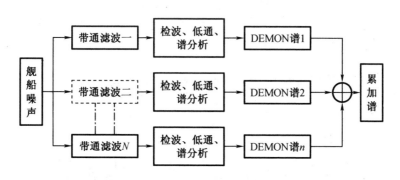

**图3-32 包络周期图的框架原理图**

这样做的好处：一是可以方便地观察各频段的调制情况。因为不同类型的舰船各频带的调制情况是不同的,即使同一类型的目标在不同工况下的调制情况也不相同,为日后舰船的分类识别提供了良好的特征信息。二是提高了信噪比。此方法类似频谱分析时在时间上分段的周期图法,这里虽然是在频域上分段,但由于 DEMON 谱中信号(线谱)是稳定的,而噪声是随机的,因此可以起到噪声平滑效果,进而提高信噪比。

仿真试验:

图 3 - 33 和图 3 - 34 分别仿真了 1 500 ~ 2 500 Hz 和 2 500 ~ 3 500 Hz 频带内的幅度谱与 DEMON 谱。从 DEMON 谱中可以看到不同频段得到的 DEMON 线谱的数目、幅度是不同的,充分验证了上面所说的不同频段的调制是不同的。图 3 - 35 为两个频带相加的 DEMON 谱。

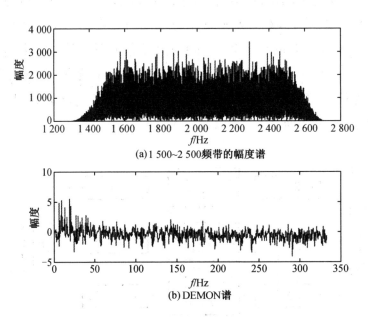

(a)1 500~2 500频带的幅度谱

(b)DEMON谱

**图 3 - 33    1 500 ~ 2 500 Hz 频带内的幅度谱与 DEMON 谱**

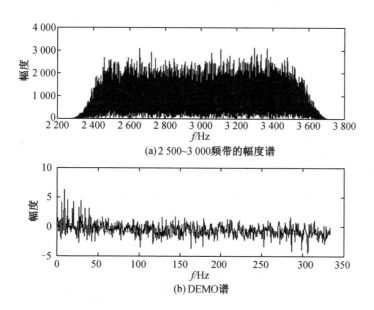

(a) 2 500~3 000频带的幅度谱

(b) DEMO谱

**图 3 − 34   2 500 ~ 3 500 Hz 频带内的幅度谱与 DEMON 谱**

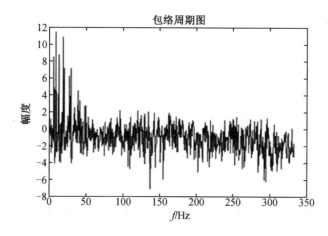

**图 3 − 35   两个频带相加的 DEMON 谱**

# 3.6 连续谱平滑

通过自适应线谱增强器及包络周期图的作用,使得线谱在原来的频率处幅度得到加强。但是由于线谱是叠加在连续谱上的,提取线谱特征时,如果直接在含有连续谱的谱中提取,可能由于连续谱的趋势走向引起误判和漏判,因此必须将谱中的趋势项提取出来并从整个谱中减去,得到拉平的只有线谱分量的谱,再进行线谱提取。连续谱平滑的方法有很多种,如线性相位滤波器方法、双通分离窗算法及排序截短算法等。但是这些算法对有强线谱或宽线谱时的平滑效果不佳,这主要是因为强线谱和宽线谱的存在会影响到线谱附近连续谱的平滑,进而影响线谱的提取效果。本书主要采用一种基于滑动窗的局部拟合的方法来求取连续谱。

## 3.6.1 局部拟合的原理

设待分析的数据长度为 $M$,将 $M$ 分成 $N$ 段,每段只包含 $k$ 个采样点。其中每段的重叠率为 $\dfrac{k-1}{k} \times 100$,即相邻两段之间仅有一个样本点值是新的。相当于在待分析的数据段中设置一个长度为 $k$ 个样本点的矩形窗,不断地移动窗函数,计算每一段的谱值均值 $Y_m = \dfrac{1}{k}\sum\limits_{i=1}^{k} y(i)$。设置一个阈值 $a$,$y(i)$ 中大于 $aY_m$ 者将不参与全局噪声均值的估计,最后均值的估计为 $\hat{m}(k) = \dfrac{1}{\lambda}\sum\limits_{j=1}^{\lambda} y(j)$,其中 $y(j) \leqslant aY_m$。将得到的均值作为慢变化的连续谱上的离散点,对这些离散点进行四阶拟合处理以得到拟合曲线,即可得到低频分量。

## 3.6.2 仿真试验

目标信号一的基频:$\Omega_1 = 7\ \text{Hz}$;
目标信号二的基频:$\Omega_2 = 17\ \text{Hz}$;
调制系数:0.8;
阈值:$a = 1.2$;
窗长度:$k = 7$;
仿真图形如图 3 – 36 和图 3 – 37 所示。

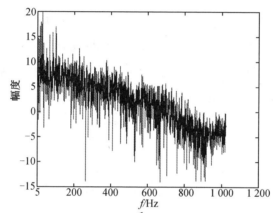

**图 3 –36 仿真信号的 $1\dfrac{1}{2}$ 维谱和局部拟合的连续谱**

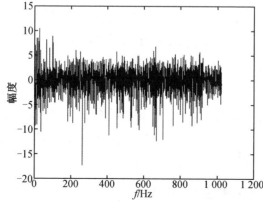

**图 3 –37 去掉慢变化的 $1\dfrac{1}{2}$ 维谱图**

从图 3 - 36 和图 3 - 37 可以看出,将原噪声谱图减去连续谱的拟合曲线后就可以得到拉平的线谱图。

# 3.7　疑似线谱提取的算法

本书的线谱特征主要基于舰船辐射噪声谱,检索算法的有效性对舰船类型的正确分类和识别有着很大的影响。在利用 $1\frac{1}{2}$ 维谱进行线谱提取时,由于采集信号长度有限,相应单频信号的线谱估计结果并不是真正的竖线形状,而是具有一定时窗函数谱的形状。另外,由于在分析过程中线谱的频率发生飘移,谱峰也会相应地展宽。这就决定了一个谱峰必须包含两个边界,它们是成对出现的,不能独立存在。本书的线谱检索算法主要是根据线谱的形状利用筛选法对其进行检索。

## 3.7.1　疑似线谱提取前的预处理

连续谱与线谱的主要区别在于其变化比较平稳,谱的斜率通常较小,但不排除在连续谱部分谱曲线偶然发生局部较快的上升或下降情况。连续谱不会像线谱那样在较小的频率范围内突然上升之后又发生很快的下降,因而它是构不成峰的。连续谱只可能有平缓而宽广的隆起,这种隆起的斜率比谱峰的斜率要小得多,而宽度要大得多。如果在提取线谱的过程中能提高谱线的尖锐度,使线谱更多突出,将会大大增加线谱提取的准确性。所谓的提高尖锐度,即保持峰值位置不变,同时波峰的陡度将变大。

提高曲线尖锐度的方法如下。

设曲线 $x(n) \geq 0$,且变化平缓,首先构造一个加权函数 $p(n)$,使

得曲线 $y(n) = p(n)x(n)$ 的尖锐度比曲线 $x(n)$ 的大,可取的加权函数为

$$p(n) = \frac{x(n)}{g(n)}$$

当 $x(n) > g(n)$ 时,$p(n) > 1$,在 $y(n) = p(n)x(n)$ 中的 $x(n)$ 得到增强(即乘一个大于 1 的数);当 $x(n) < g(n)$ 时,$p(n) < 1$,在 $y(n) = p(n)x(n)$ 中的 $x(n)$ 得到削弱(即乘一个小于 1 的数)。因此这个加权函数确实起到了提高尖锐度的作用。$g(n)$ 可以由以下方法来确定:

$$g(n) = \frac{1}{2N+1}\sum_{r=-N}^{N}x(n-r) \qquad (3-32)$$

即 $x(n)$ 的均值,这种取 $g(n)$ 的方法能更好地反映 $x(n)$ 的变化。

在实际过程中,由于噪声的影响,谱线的幅值不可能保证大于或等于 0,但是可以把整个谱线图抬高,以保证所有的谱线幅度大于零。这样做并不会影响线谱的提取,因为在提取过程中关心的主要是线谱所对应的频率。

## 3.7.2 疑似线谱提取算法的原理

(1)根据谱峰形状的特点对谱图进行检索。谱峰所在的点为局部最大点,不可能出现在中间点上,根据上述原则依次简化波形,剔除连续上升或连续下降的中间点,只留下转折点。简化方法如下:假设谱图上 $k-1, k, k+1$ 连续三点的谱值分别为 $y_{k-1}, y_k, y_{k+1}$。求一阶差分:$\Delta y_k = y_{k+1}, \Delta y_{k-1} = y_k - y_{k-1}$。如果 $\Delta y_k \times \Delta y_{k-1} < 0$,则可以判定点 $y_k$ 为转折点,对 $y_k$ 置标记为频率点,如图 3-38(a)所示;如果 $\Delta y_k \times \Delta y_{k-1} > 0$,则可判定点 $y_k$ 为中间点,将其剔除,如图 3-38(b)所示。

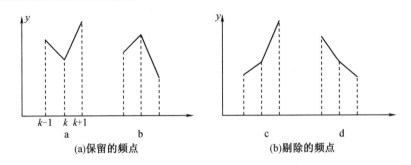

(a)保留的频点        (b)剔除的频点

**图 3－38　根据谱峰形状的特点对谱图进行检索**

利用上述原则对 DEMON 谱图进行检索,对比简化前的谱图 3－39(a)与简化后的谱图 3－39(b),可以清楚地看到现在的谱图仅保留了标记为转折点的谱线。

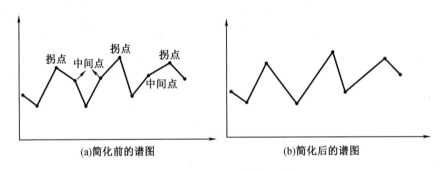

(a)简化前的谱图        (b)简化后的谱图

**图 3－39　DEMON 谱图检索**

(2)经上步,只留下转折点,继续对简化后的谱图进行线谱扫描,提取线谱分布。具体的判决方法为:对于任意一点 $y_k$,如果 $y_k - y_{k-1} > \sigma_{\text{gate1}}$ 或者 $y_k - y_{k+1} > \sigma_{\text{gate1}}$,则认为 $y_k$ 为线谱,否则不是线谱予以剔除。此门限值的大小是依据高低频段来进行划分的。由于轴频、叶片频大部分集中于低频段,所以在低频段设定的门限值要略低一些,虽然虚警概率提高了,但是可以保证在低频段获得更多的疑似线谱。因为在实际的线谱图上,由于谱线可能存在于较高的旁瓣中,一根谱线可能会被误判为两根谱线,如图 3－40 所示,则需要对此误判进行剔除；其次就是在相距很近的两根谱线之间可能存在旁瓣叠加产生较高的点，也可能会被误判为线谱。因此，需要对上述可能造成误判的谱线进行剔除，剔除的方法为：对于任意一点 $y_k$，选择门限 $\sigma_{\text{gate2}}$，如果 $y_{k-2} - y_k < \sigma_{\text{gate2}}$ 或 $y_{k+2} - y_k < \sigma_{\text{gate2}}$，并且其频率间隔 $\Delta f <$ 3 Hz，则不是线谱，将其剔除。此种情况一般出现在离基频比较近的地方。

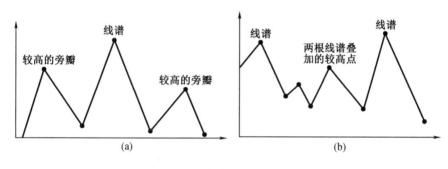

图 3−40  存在误判的线谱图

（3）由分析得知谱估计量是一随机变量，1$\frac{1}{2}$维谱估计的随机误差在连续谱曲线上表现为"毛刺"，所以在上一步初选出的峰中可能包含一些由于谱估计随机起伏而造成的毛刺，当进行谱估计所用的平均次数较大时，这种伪峰的幅度是不大的。而且在实际的操作过程中总是会假设线谱的幅值应该高于连续谱的幅值，因此在存在有一定连续谱干扰的线谱图上可以设定一定的门限值，只有幅度高于此门限值才认为是有线谱。对于此门限的选取一般选取所有疑似线谱的均值。

（4）最后对剩下的局部最大点进行卡门限处理，求出各局部最大点的均值乘以一比例因子作为门限，并求出局部最大点与波形中最小值的落差相对于整个波形取值范围的比例，然后对局部最大点进行卡门限处理，要求局部最大点大于门限值，同时满足比例大于设定的比例值，否则剔除。最终得到线谱。

### 3.7.3 仿真试验

**1. 仿真试验一**

目标信号一的基频: $\Omega_1 = 10$ Hz;

目标信号二的基频: $\Omega_2 = 60$ Hz;

两目标信号的能量比值:1.0;

谱图的采样点之间的频率间隔:0.5 Hz;

信噪比:5.3 dB;

调制系数:0.8。

线谱准则门限:设原有噪声谱中的拐点幅度值为 $hh_{0i}$,频率为 $ff_{0i}$,通过第一个门限的剩余点为 $(hh_{1i}, ff_{1i})$,通过第二个门限的剩余点为 $(hh_{2i}, ff_{2i})$。

(1)门限一: $\begin{cases} \text{gate1} = 0.8 & f_{0i} < =50 \text{ Hz} \\ \text{gate1} = 0.88 & f_{0i} > 50 \text{ Hz} \end{cases}$

要求 50 Hz 以下的频点的幅度与其左右相邻频点的幅度之差均不得小于谱能量均值的 0.8 倍;而对于 50 Hz 以上的频点,这一门限为 0.88,即

$$\{hh_{0i} - hh_{0,i-1} \geqslant E(hh_{0i}) \times \text{gate1}\} \text{ AND}$$

$$\{hh_{0i} - hh_{0,i+1} \geqslant E(hh_{0i}) \times \text{gate1}\}$$

经过门限一的约束,剩余的点 $(hh_{1i}, ff_{1i})$ 就是局部最大点。

(2)门限二: $\text{gate2} = 1$

要求这些局部最大点的幅度值不小于局部最大点的均值,即

$$hh_{1i} \geqslant E(hh_{1i}) \times \text{gate2}$$

(3)门限三: $\text{gate3} = 0.35$

要求谱线中局部最大值与波形中最小值的落差与局部最大值和局部最小值之差的比值不小于某个数,即

$$hh_{2i} - \min(hh_{0i}) \geqslant [\max(hh_{2i}) - \min(hh_{0i})] \times \text{gate3}$$

不同频段的门限是有适当调整的,特别是低频段,门限设置需更谨慎,要做一些细化处理。

仿真图形如图3－41、图3－42和图3－43所示。

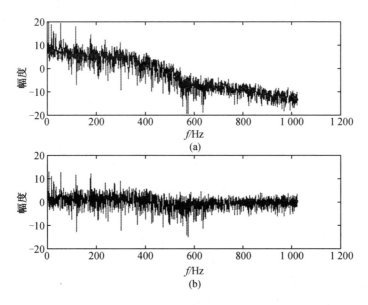

图 3－41 平滑前与平滑后的谱图

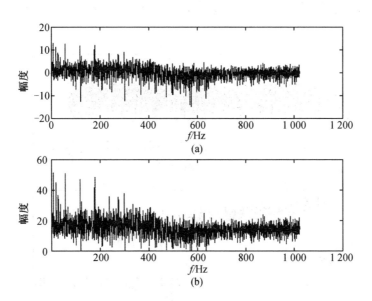

图 3－42 预处理前与预处理后的谱图

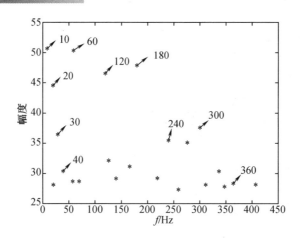

图 3 - 43　检测到的疑似线谱

## 2. 仿真试验二

目标信号的基频:$\Omega_1 = 7$ Hz;

调制系数:0.8;

谱图的采样点之间的频率间隔:0.5 Hz。

仿真信号的波形如图 3 - 44、图 3 - 45、图 3 - 46 和图 3 - 47 所示。

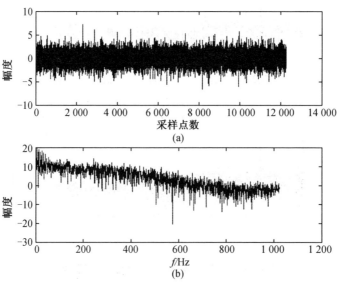

图 3 - 44　信号的时域波形与频谱图

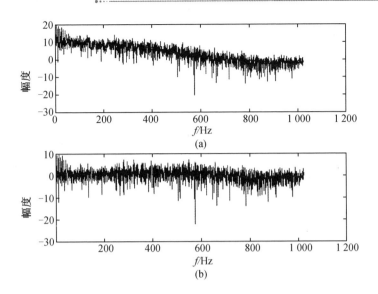

图 3 − 45 平滑前与平滑后的谱图

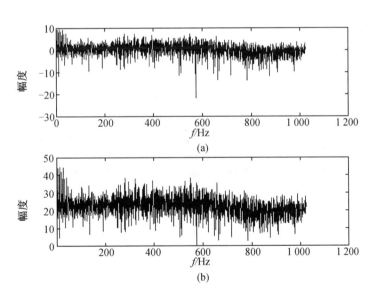

图 3 − 46 预处理前与预处理后的谱图

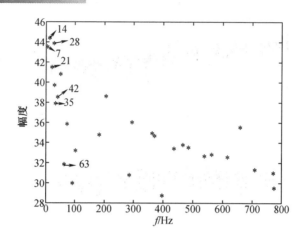

图 3 – 47　检测到的疑似线谱图

从上面可以看到,线谱三准则检测算法所涉及的门限数目比较多,且程序的控制逻辑比较强,所以在实际中经常采用相对能量法替代三准则算法。具体的实现方法非常简单,在此不再详述。

# 3.8　海试数据处理

按照第 3 章各节分析数据处理的过程,本节对真实海试数据进行处理,给出处理的结果如图 3 – 48、图 3 – 49、图 3 – 50 和图 3 – 51 所示。

由上述图形可以看出,正如前面理论分析时曾提过舰船辐射噪声存在着幅度调制,且线谱是叠加在连续谱上的,所以通过适当平滑后可以得到拉平的线谱,进而利用线谱判定准则得到疑似线谱图。

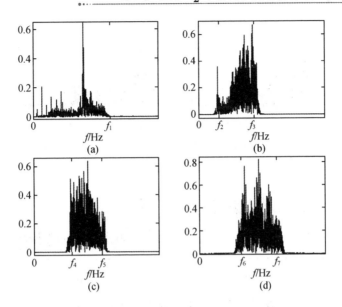

图 3 - 48    原始数据通过不同带通滤波器后的谱图

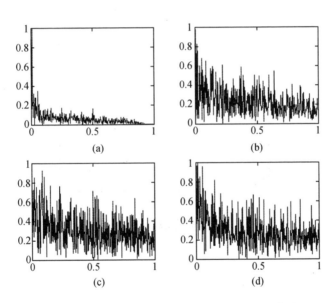

图 3 - 49    带通后的数据取包络和低通后的谱图

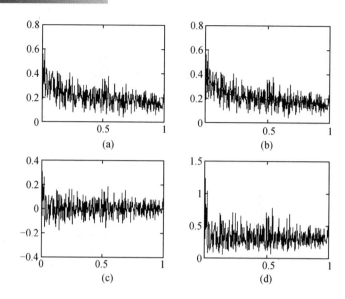

图 3 - 50　平滑和预处理后的谱图

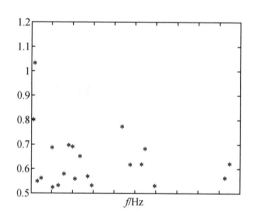

图 3 - 51　检测到的疑似线谱图

# 3.9 本章小结

本章主要从舰船辐射噪声的原理着手,详细地讨论了舰船辐射噪声的三大主要噪声源,并根据噪声的非高斯性特点提出了利用1$\frac{1}{2}$维谱分析噪声的可行性与好处,并对1$\frac{1}{2}$维谱的性质给出了仿真验证。从理论出发提出了噪声辐射模型,并利用1$\frac{1}{2}$维谱对噪声进行处理,通过仿真可以清楚地看到它在抑制噪声方面所显示出的优越性。然后按照论文中所提到的各个步骤对噪声进行分析,提取了舰船辐射噪声的疑似线谱,为下一章轴频的正确估计打下基础。

# 第4章 轴频估计

从前文的论述已知,通过解调处理及线谱检测准则计算出的解调谱中存在许多离散线谱,它们是与叶片数及螺旋桨转速直接相关的叶片速率谱,满足关系 $f_m = mns$,其中 $n$ 是螺旋桨叶片数,$s$ 是螺旋桨转速,$m$ 是谐波次数,$f_m$ 是相应的频率。因而利用这些离散线谱估计螺旋桨的轴频和叶片数为被动声呐目标检测和分类识别提供了有力的工具。由于人具有很强的模式识别和视觉积累能力,人类专家通过观察 DEMON 图,很容易检测并提取出谱线,然后再利用谱线之间的间隔或倍频关系估计出螺旋桨的轴频。由于利用了多个时刻的DEMON 谱值,在低信噪比的情况下,人类专家的线谱检测和提取能力是非常强的。

为了让机器能够自动提取出螺旋桨轴频等信息,采用几种不同的方法利用模糊专家系统提出了舰船螺旋桨转速的被动最大似然估计,以及利用倒谱与倒频谱的方法自动地检测目标的轴频。

螺旋桨轴频的自动估计是一件非常困难的事,其主要原因是:

(1)由于海上,无论是背景噪声,还是宽带调制信号往往都是起伏的,而解调处理过程中也产生了起伏的噪声背景项。即使对应同一调制信号的线谱,不同时刻的线谱幅度起伏也是比较大的。由于线谱起伏,在进行线谱检测时,幅值较低的谱线就会漏检,很难获得高的检测概率。线谱起伏在 DEMON 图中表现出谱线时强时弱的现象,严重时还会出现断断续续的现象。

(2)虽然理论上目标的基频能量较高,但是在处理实际海试数据的时候,发现情况并非完全如此。有时候能够得到目标的某次谐波,却检测不到目标的基频;漏掉某些谐波的情况更是常见;目标各次谐波的能量也常常不是呈下降趋势分布。

(3)由于目标可以存在多个调制源,接收到水声信号中还叠加了环境噪声,平台噪声等,这样在计算出的解调谱中,除了螺旋桨及其谐波对应的线谱外,不可避免地包含由其他宽带调制源或噪声等形成的线谱。

(4)由于螺旋桨加工不对称,转动时可能会抖动,以及估计出的线谱位于离散的频率点上等原因,即使是对应螺旋桨轴频、叶频及其谐波的线谱之间,也并不严格成倍频关系,总是存在一定的误差。断点、干扰和线谱之间不严格成倍频关系影响了螺旋桨轴频估计,并且信噪比越低,影响也就越严重。

(5)当两个目标各自的基频靠得很近的时候,它们的谐波成分也将靠的比较近,这就为线谱的分辨带来的困难。

为使声呐能够在远距离上利用目标的螺旋桨轴频等信息进行识别,必须保证在低信噪比的情况下能够正确估计螺旋桨的轴频,本书给出了两种方法进行轴频的估计。

# 4.1　差频算法提取轴频

DEMON 谱经过净化后得到比较干净的 $M$ 根线谱 $\{f_m\}$, $m = 1, 2, \cdots, M$。但对于线谱序列 $\{f_m\}$,由于多途干涉会造成漏报,可能会丢掉某些线谱;也可能由于噪声的干扰产生了许多假线谱点,所以得到的线谱序列并不是一个理想的等差数列,而是充满了许多野值的序列。虽然理论上线谱序列中最小的频点的谱线对应的是基频分量,但是可能由于多途干涉,轴频分量已经丢失了,即最小值是噪声虚警或是轴频的谐波。对于线谱序列 $\{f_m\}$(可能丢失轴频或某些叶频,而且可能仍含有噪声虚警),利用差频进行轴频的提取。

### 4.1.1 差频算法提取轴频的具体过程

**1. 差频**

设 DEMON 谱经过净化后得到比较干净的 $M$ 根线谱 $\{f_m\}$,$m=1$,$2,\cdots,M$,相互之间分别求差频,$F_{i,j}$ $F_{i,j}=f_i-f_j$,$i,j=1,2,\cdots,M$;$i>j$,差频的取值范围为轴频范围,由于轴频对应于螺旋桨的转速,所以它的取值一般比较低。假定设定轴频的范围为 3 ~ 60 Hz,落在该范围外的差频将舍去,将差频数组从小到大进行排序,得到差频数组 $\{F_{i,j}\}$。

**2. 定义品质因数**

(1)差频数组 $\{F_{i,j}\}$ 中可能含有相等或近似相等的元素,统计在容限范围内相同差频的个数,定义品质因数 $a_n$。$a_n$ 表示每一相同差频的个数,并在新的差频数组中只保留一次,该差频记为 $\{F_n\}$,记新得到的差频数组为 $\{F_n\}$,设含有 $N$ 个差频。

(2)用每一根线谱 $f_m$ 去除以差频数组 $\{F_n\}$ 中的每一个差频,定义品质因数 $q_n$,每一个差频 $F_n$ 对应一品质因数 $q_n$。若 $|f_m/F_n-K|<\delta$,$m=1,2,\cdots,M$,$n=1,2,\cdots,N$,$f_m\geqslant F_n$ 成立,则 $F_n$ 所对应的品质因数 $q_n$ 加 1(品质因数 $q_n$ 的初值均设为 0)。$q_n$ 代表含有 $M$ 根线谱的序列 $\{f_m\}$ 中有 $q_n$ 根线谱是差频 $F_n$ 的倍数,式中 $K$ 为 $f_m/F_n$ 的四舍五入值,表示正整数。而 $\delta$ 为误差控制量,其大小依据差频 $F_n$ 的大小而定。当 $F_n\leqslant10$ Hz,$\delta=1/F_n$;当 $F_n>10$ Hz 时,$\delta=2/F_n$。此过程即为在差频数组 $\{F_n\}$ 中提取线谱序列 $\{f_m\}$ 的最大公约数,品质因数 $q_n$ 最大值对应的 $F_n$ 即为所求。

(3)每一差频对应两种品质因数 $a_n$、$q_n$,将它们相乘,定义第三个品质因数 $k_n=a_n\cdot q_n$。

**3. 轴频**

品质因数 $k_n$ 的最大值所对应的差频即为轴频。当不同差频所对

应的品质因数 $k_n$ 相同时,取对应品质因数 $q_n$ 的最大值;当品质因数 $q_n$ 也相同时,就要分析这两个线谱频率是否成谐波倍数关系,满足则取差频小的那个频率,不满足则选取差频大的那个频率,在相同条件下数越大越不容易被整除。因为是先根据品质因数 $q_n$ 来确定谁可能成为轴频,所以在判断轴频时品质因数 $q_n$ 起决定性的作用。

## 4.1.2 仿真试验

### 1.仿真试验一

利用3.7节仿真试验一的条件得到的数据如表4-1所示。

表4-1 仿真试验数据

| 品质因数 | 差频/Hz | | | | | | | |
|---|---|---|---|---|---|---|---|---|
| | 4 | 7 | 8 | 9 | 14 | 20 | 21.5 | 24 |
| $m_n$ | 1 | 5 | 1 | 1 | 1 | 1 | 1 | 1 |
| $q_n$ | 9 | 12 | 4 | 4 | 9 | 3 | 6 | 1 |
| $k_n$ | 9 | 60 | 4 | 4 | 9 | 3 | 6 | 1 |

| 品质因数 | 差频/Hz | | | | | | | |
|---|---|---|---|---|---|---|---|---|
| | 25.5 | 28.5 | 29.5 | 40.5 | 43 | 49 | 52 | 54 |
| $m_n$ | 1 | 1 | 1 | 1 | 1 | 1 | 1 | 1 |
| $q_n$ | 2 | 4 | 3 | 4 | 1 | 1 | 3 | 2 |
| $k_n$ | 2 | 4 | 3 | 4 | 1 | 1 | 3 | 2 |

由表4-1的数据可以看出,所得到的基频为7。

### 2. 仿真试验二

利用 3.7 节仿真试验二的条件得到的数据如表 4 - 2 所示。

表 4 - 2　仿真试验数据

| 品质因数 | 差频/Hz | | | | | | | | | | |
|---|---|---|---|---|---|---|---|---|---|---|---|
| | 5 | 8 | 10 | 12.5 | 17 | 18 | 20 | 34.5 | 36 | 42 | 42.5 |
| $m_n$ | 1 | 1 | 3 | 1 | 1 | 1 | 1 | 1 | 1 | 1 | 1 |
| $q_n$ | 11 | 4 | 8 | 2 | 5 | 4 | 6 | 2 | 4 | 0 | 0 |
| $s$ | 11 | 4 | 24 | 2 | 5 | 4 | 6 | 2 | 4 | 0 | 0 |

由表 4 - 2 的数据可以看出,当差频在 3 ~ 60 Hz 时可以很容易地求出基频为 10 Hz,但由于此仿真试验有两个基频,而另一个基频的范围落在 60 Hz 之外,即使将差频的范围设在 60 Hz 这个范围以外,也无法检测出 60 Hz 这个基频。所以在一个目标的情况下,差频算法通过品质因数的计算很容易得到基频。虽然在有些情况下,通过观察原有的线谱簇,很容易看出基频是多少,但是在这里要解决的问题是利用机器来自动判断基频,而很多看似简单明了的谱图要让机器去自动识别还是很困难的。如果用差频算法来处理单一目标,得到的效果还是令人满意的。但是,如果处理多个目标的疑似线谱簇,最后得到的数据却不能代表真正的基频。所以,这种方法在处理多目标的时候,并不适用。此方法对检测一个基频非常适用,但对两个基频的检测效果较差。

## 4.2　倍频算法提取轴频

对于两个甚至三个以上的多个目标,如果要用以上方法进行机器自动分离基频很难做到,但是可以结合下面介绍的倍频检测算法进行轴频的估计,则在一定的条件下可以比较准确地找到多个基频。

一般情况下,学者们仅对两个目标出现在同一波束的情况比较感兴趣,所以本书利用倍频方法寻找基频主要是针对两个目标,当然一个目标的情况也可以利用此方法。假定有 $P$ 个数据可以充当基频(假设为 5 个),在所有的谱线图上,对这 $P$ 个数据进行一次倍频搜索,通过给出的倍频及谐波数据的个数,很容易计算出各个目标的基频。

## 4.2.1 倍谱算法提取轴频的具体过程

(1)对幅值序列进行排序,选出 $P$ 个最大幅度所对应的频率点作为疑似基频数据。

(2)寻找倍频。

(3)去除相邻的但可能是同一倍频的两个频率。

(4)给出谐波能量占总能量的比值。

将上述步骤循环 $P$ 次,就可以得到含有 $P$ 个基频的线谱序列的谐波数列。上述寻求倍频的方法是根据幅度与频率的二次排序,依据先验知识和能量(即幅度排序)选出可以作为基频的 $P$ 个数据,然后依据先验知识和频率再次排序,从低到高开始找倍频。在寻找每一个基频的倍频时,利用后项检测算法进行倍频的搜索。当然也可以利用前后两项进行检测的算法进行倍频的搜索,在此不一一陈述。

## 4.2.2 仿真试验

### 1. 仿真试验一

目标信号一的基频:$\Omega_1 = 7$ Hz;

目标信号二的基频:$\Omega_2 = 10$ Hz;

通过升采样来提高频率分辨率:0.25 Hz;

不检测 5 Hz 以下的频率。

仿真图形如图 4 - 1 所示。

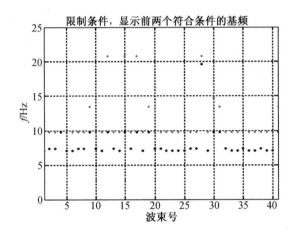

**图 4 - 1  仿真试验一检测到的基频图**

从图 4 - 1 可以看出,通过线谱检测与轴频估计,大部分检测点都位于基频附近,在基频附近有一小部分上下跳动的点,这些点由于谱线的能量比较强而被看作是轴频。通过一倍频或二倍频标准差检测可以去掉那些小的毛刺。

2.仿真试验二

目标信号一的基频:$\Omega_1 = 7$ Hz;

不采用升采样的方法,频率分辨率为 1 Hz;

不检测 5 Hz 以下的频率(显示两个能量最强的频率)。

从图 4 - 2 可以看出,在 7 Hz 和 14 Hz 处密集着大量的检测点,目标不一定在基频处能量最强,有可能在二倍频或三倍频处能量最强,由图 4 - 3 也可以证实这一点。但是在其他频率处还零星存在一些野值点,这些野值是由于在某几次检测过程中能量比较强而被识判为目标的轴频及其谐波。

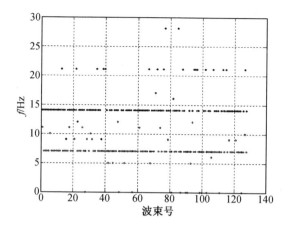

图 4 - 2 仿真试验二检测到的基频图

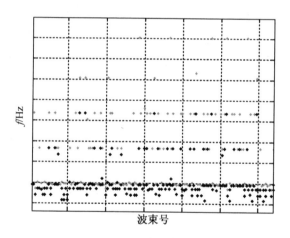

图 4 - 3 真实海试数据处理结果图

试验结果表明,利用倍频搜索算法进行基频估计相对于上述两种轴频估计的算法有明显的优点。即使疑似线谱族中的基频或谐波有所缺失,噪声谱线较多,依然能够较为准确地估计出目标的基频。但是,在实际检测中由于线谱检测准则中要用到的门限太多,导致对于目标的基频和个数不同的情况下检测性能不一致。所以在实际中一般用谱线能量大小取代复杂的线谱检测准则,虽然野值增加,但是计算速度明显加快。

通过综合运用上述三种方法很容易得到目标的轴频。在实际的舰船辐射噪声中除了有轴频的调制还有叶片频的调制,由于叶片频调制 DEMON 谱中除了轴频处会出现轴频调制的线谱,在叶片频处还会出现较高、较明显的叶片频调制线谱。利用上述特点很容易得到目标的叶片数,即 $n = f_b/f_s$,其中 $f_b$ 为叶片频,$f_s$ 为轴频。

# 4.3  本 章 小 结

本章的重点是解决在已知目标疑似线谱的前提下,如何估计目标基频的问题。本章主要介绍了差频算法及倍频检测算法,并分别利用这些算法做了仿真试验,并对它们的性能做了分析与比较。其中,倍频检测算法的检测效果较好,能够在某些谐波缺失和噪声谱线较多的情况下找出疑似线谱簇中的基频来。利用在 3.3 节中所阐述的仿真模型进行轴频提取的过程中,可以看到仿真时所用到的 5 个参数对仿真结果总是存在一定的影响。下面对仿真过程中可能影响 DEMON 线谱轴频估计精确度的因素进行总结。

(1)信噪比的影响

信噪比越大,检测结果越准确。当信噪比大于 5 dB 时,检测结果很好;当信噪比在 0 ~ 1 dB 时,检测结果一般;当信噪比小于 0 dB 时,则很难检测到目标。

(2)两目标相关性的影响

两目标相关性对检测结果的影响不大。当调制噪声不相关时,检测结果也很好。同样,两目标包络的初相位相关与否对检测结果的影响也不大。

(3)两目标基频位置的影响

基频位置离得较远,检测效果会更好(前提是基频都比较低,即

30 Hz 以下 2 Hz 以上)。虽然基频离得太近会影响检测结果,但在补零后,可以检测出基频相差 1 Hz 的两个目标。

(4)两目标能量的影响

能量对检测结果有较大影响。两目标的能量越接近(比值在 0.98 ~ 1.1),检测到的倍频数就越多(5 根以上,有时基频低的那个信号甚至可以检测到 10 根以上),检测就越容易;当能量相差较大时(比值大于 1.5),检测到的倍频数较少(5 根以下,常常只有 2 或 3 根),检测结果不理想。

另外,幅值越高的线谱频率位置越可信。往往基频都集中在低频段,且能量往往较它的倍频更高。所以在进行倍频检测时,可以把频率最低但能量较高的那根可疑线谱假设为基频,并以它为参照寻找倍频,这种方法也是合理的。

(5)调制度的影响

调制度越高检测的结果越好。但是调制度越高,检测到的谱线的可信性就越低。

# 第5章　舰船辐射噪声特征
# 提取界面设计

　　舰船辐射噪声的特征提取所涉及的程序及参数很多,为了能让用户在一个友好的图形界面上进行操作,以提高检测与识别的时间。提供图形用户界面的应用程序使用户的学习和使用更为方便容易,用户不需要知道应用程序是怎样执行各种命令的,而只需要了解可见界面组件的使用方法即可;用户也不需要知道命令是怎样执行的,只需要通过与界面交互就可以使指定的行为得到正确的执行。MATLAB 的图形用户界面开发环境( graphical user interface development environment ,GUIDE)包含了所有用户控件,并提供了界面外观、属性和行为响应方式的设置方法。

# 5.1　GUIDE 主界面设计

　　所谓的图形用户界面(GUI)是指由窗口、菜单、对话框等各种图形元素组成的用户界面。用户通过鼠标或键盘来选择、激活图形对象,系统做出响应,实现相应功能,具有形象生动、方便灵活的特点,是现代软件普遍采用的一种交互方式。

　　MATLAB 的 GUIDE 可以将用户保存好的 GUI 界面保存在一个FIG 资源文件中,同时还能够生成包含 GUI 初始化和组件界面布局控制代码的 M 文件。这个 M 文件为实现回调函数提供了一个参考框架,用户可以利用 M 文件框架来编写自己的函数代码。

FIG 文件:该文件包括 GUI 图形窗口及其所有后裔的完全描述,包括所有对象的属性值。FIG 是一个二进制文件,调用 hgsave 命令或界面设计编辑器 File 菜单中的 Save 选项,保存图形窗口时将产生该文件。FIG 文件包含序列化的图形窗口对象,在用户打开 GUI 时,MATLAB 能够自动读取 FIG 文件重新构造图形窗口及其所有的后裔。

M 文件:该文件包含 GUI 设计、控制函数及定义为子函数的用户控件回调函数,主要用于控制 GUI 展开时的各种特征。M 文件可分为 GUI 初始化和回调函数两部分,用户控件的回调函数根据用户与 GUI 的具体交互行为分别调用。

实现一个 GUI 主要包含以下两项工作:GUI 界面设计和 GUI 组件编程。

1. 中英文切换界面设计

当输入用户名和密码时,点击运行,并加载到主界面上去。MATLAB'S GUI 设计面板上部提供了菜单和常用工具按钮,左边提供了多种,如命令按钮、单选按钮、可编辑文本框、静态文本框、弹出式菜单等。本书所设计为用 GUI 设计工具做出的用户登录界面,根据单选按钮进行中英文的切换,如图 5 - 1、图 5 - 2 所示。其过程如下:

```
Function upiane11_SelectionChangeFcn(h0bject,
eventdata, handles)
se1 = get(h0bject,'string');
switch se1
case'中文'
set(handles.text1,'string','用户名:');
set(handles.text2,'string','密码:');
set(handles.login,'string','登录');
```

```
set(handles.exit,'string','退出');
set(handles.uipane11,'userdata','中文');
case'English'
set(handles.text1 ,'string','UserName');
set(handles. text2 ,'string','PassWord');
set(handles. login ,'string','Login') ;
set(handles.exit,'string','Exit');
set(handles.uipane11,'userdata','English');
function fexit(hObject,eventdata,handles)
clc;
close all;
close(gcf);clear;
```

图 5-1 基于 MATLAB'S GUI 用户登录界面(中文)

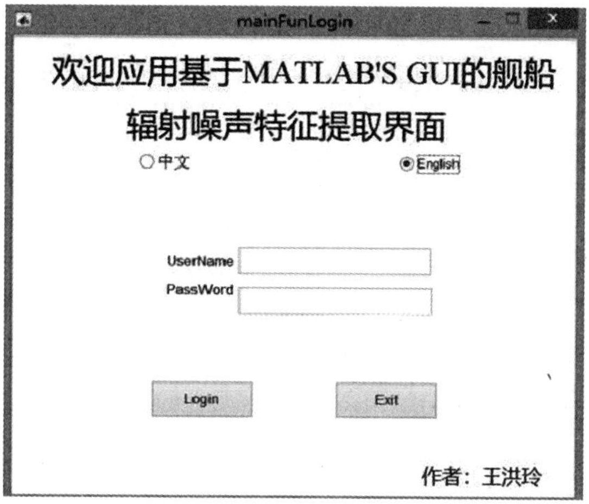

**图 5 - 2　基于 MATLAB'S GUI 用户登录界面(英文)**

## 2. 用户名与密码程序设计

用户登录界面设计完成后,点击保存,生成 mainFunLogin. m 文件,在 mainFunLogin. m 文件中找到用户名和密码的回调函数,在回调函数下编写程序,其程序如下:

```
functionusername_CreateFcn ( hObject, eventdata,
handles)
    if ispc&&isequal(get(hObject,'BackgroundColor'),
    get ( 0, 'defaultUicontrolBackgroundColor')) set
(hObject,'BackgroundColor','white');
    end;
    function passWord_CreateFcn ( hObject, eventdata,
handles)
    if ispc&&isequal(get(hObject,'BackgroundColor'),
    get ( 0, 'defaultUicontrolBackgroundColor')) set
(hObject,'BackgroundColor','white');
    end;
    functionpassWord. KeyPressFcn ( hObject, eventdata,
```

```
handles)
    c = eventdata.Character;
    if isstrprop(c,'graphic')
    set ( hObject, ' userdata ', [ get ( hObject,
'userdata') c]),…'string',[get(hObject,'string')
'*'];
    elseif double(c) = = 8
    ch = get(hObject,'userdata');
    set(hObject,'userdata',ch(1:end-1));
    set(hObject,'string',char(42 * ones(size(1:end-
1))));
    end;
```

3. waitbar 函数使用

waitbar 函数的作用是打开或更新进度,语法结构 h = waitbar(x, 'message');其中 x 必须为 0 到 1 之间的数,message 为显示的信息。当输入用户名和密码正确,点击运行时,显示进度条,加载界面如图 5 - 3 所示。其程序如下:

```
pass = get(handles.passWord,'userdata');
user = get(handles.userName,'string');
if(strcmp('xuziwei',user))&&strcmp('xuziwei',
pass)
se1 = get(handles.uipanel1,'userdata');
switch se1
case'中文'
h = waitbar ( 0, ' 请 稍 等 … ', ' Name ', ' 加 载 中 ',
'WindowStyle','modal',…'closeRequestFcn',@ fexit_
Callback);
for i = 1 :100
```

```
if i < 99
waitbar(i/100,h,['载入完成'num2str(i)'%']);
else
waitbar(i/100,h'载入即将完成!');
end
pause(0.04);
end
```

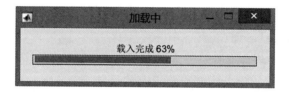

**图5-3　加载界面**

4. errordlg 与 questdlg 函数使用

errordlg 函数调用格式 h = errordlg('Errorstring','Dlgname','Createmode'),'Errorstring'为错误信息,'Dlgname'为标题,'Createmode'为对话框模式,可省略。其作用是创建错误信息对话框,questdlg 函数调用格式 button = questdlg('qstring','title',default),'qstring'为问题信息,'title'为标题,default 为指定默认的选择项。其作用是创建问题对话框。当点击运行时,如输入错误用户名或密码时,将弹出错误对话框,如图5-4所示。如点击退出时,弹出问题对话框,如图5-5所示。其程序如下:

```
se1 = get(handles.uipanel1,'userdata');% 错误对话框
switch se1
case'中文'
errordlg('输入错误! 请重新输入','提示!');
case'English'
errordlg('Input Error! Please Re - enter!',
```

```
'Hint!');
    end
    set(handles.passWord,'string','userdata');
    function exit _ Callback ( hObject, eventdata,
handles)% 创建问题对话框
    se1 = get(hObject,'string');
    case'退出'
    select = questdlg('你点击了退出按钮,你是想:',…'提
示','返回程序','退出程序','返回程序');
    switch select
    case'返回程序'
    return
    case'退出程序'
    fexit(hObject, eventdata, handles)
    end
```

图 5 - 4　输入错误对话框提示信息

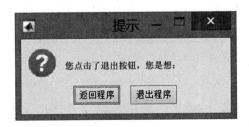

图 5 - 5　输入退出按钮对话框提示信息

5. 在 GUIDE 中加入图像的实现

首先在 GUIDE 中添加一个 Axes 对象,假设该 Axes 对象的 Tag 属性为 axes121,因此在 OpeningFcn 中输入以下程序代码,即可在 GUI 中显示特定的图片。

```
axes(handles.axes121);% 设置图形显示的坐标轴。
I = imread('图像文件名.bmp','bmp');% 读取图像文件。
image(I);
imshow('lianshi121.bmp');% 显示图像文件。
axis ('off');
grid on;
```

# 5.2  GUI 界面菜单设计

MATLAB 用户菜单对象是图形窗口的子对象,所以菜单设计总在某一个图形窗口中进行。MATLAB 的图形窗口有自己的菜单栏。为了建立用户自己的菜单系统,可以先将图形窗口的 Menubar 属性设置为 none,以取消图形窗口的默认菜单,然后再建立用户自己的菜单。

1. 系统菜单设计

具体的实现过程:

在 function 文件名_OpeningFcn ( hObject, eventdata, handles, varargin)中添加以下两个语句:

```
set(gcf,'menubar','figure');% 将系统菜单显示在窗口
界面上。

set(gcf,'toolbar','figure'); % 将系统工具栏显示在
窗口界面上。
```

set 设置对象的属性值,gcf 表示对当前的 figure 对象返回其句柄值,即当前所画的绘图窗口句柄值。在 OpeningFcn 回调函数中添加这两条语句即可将系统菜单与工具栏添加到界面中。OpeningFcn 在 GUIDE 中占了非常重要的地位,它主要用以执行 GUI 界面显示前所必须做的准备操作,即一般程序开始执行前的一些初始设置值。系统菜单显示的主界面如图 5 −6 所示。

**图 5 −6   系统菜单显示的主界面**

### 2. 自定义菜单设计

用户菜单通常包括一级菜单(菜单条)和二级菜单,有时根据需要还可以继续建立子菜单(三级菜单等),每一级菜单又包括若干菜单项。要建立用户菜单可用 uimenu 函数,因其调用方法不同,该函数可以用于建立一级菜单项和子菜单项。

建立一级菜单项的函数调用格式:

一级菜单项句柄 = uimcnu(图形窗口句柄,属性名 1,属性值 1,属性名 2 ,属性值 2,⋯)

建立子菜单项的函数调用格式:

子菜单项句柄 = uimenu(一级菜单项句柄,属性名 1,属性值

1,属性名2,属性值2,…)

　　这两种调用格式的区别在于建立一级菜单项时,要给出图形窗口的句柄值。如果省略了这个句柄,MATLAB 就在当前图形窗口中建立这个菜单项。如果此时不存在活动图形窗口, MATLAB 会自动打开一个图形窗口,并将该菜单项作为它的菜单对象。在建立子菜单项时,必须指定一级菜单项对应的句柄值。本书将在当前图形窗口菜单条中建立名为 MainFunc 的菜单项。具体实现过程如下:

　　在 function 文件名_OpeningFcn（hObject, eventdata, handles, varargin）中添加以下语句:

```
ha = uimenu(gcf,'Label','MainFunc');
ha1 = uimenu(ha,'Label','Illustration');
ha2 = uimenu(ha,'Label','TDemulator ');
ha3 = uimenu(ha,'Label','LSpreprocess');
ha4 = uimenu(ha,'Label','Pick_upLS');
ha5 = uimenu(ha,'Label','Pick_upBF');
```

　　其中,Label 属性值 MainFunc 就是菜单项的名字,ha 是 MainFunc 菜单项的句柄值,供定义该菜单项的子菜单之用。后 5 条命令将在 MainFunc 菜单项下建立 Illustration、TDemulator、LSpreprocess、Pick_upLS 和 Pick_upBF 五个子菜单项。或者可以单击 GUIDE 编辑界面工具栏上的 按钮或由 GUIDE 菜单选取[Tool]—[Menu Editor]选项进入到菜单编辑器。自定义菜单实现如图 5 - 7 所示;自定义菜单效果图如图 5 - 8 所示。

　　本书可以通过单击主界面的菜单项分别跳转到不同界面。具体的实现过程如下。

　　通过添加回调函数来实现菜单功能。每个菜单子项实现的功能不同,需要在回调函数中添加的代码也不同。在每一个子菜单的 Callback 回调函数中添加如下语句:

```
pos_size = get(handles.figure0,'Position');
```

```
fushe_cover([pos_size(1) + pos_size(3)/5 pos_
size(2) + pos_size(4)/5]);
```

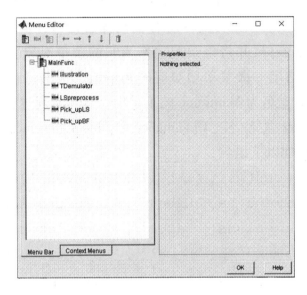

图 5 -7　自定义菜单实现

图 5 -8　自定义菜单效果图

fushe_cover:代表当单击此菜单选项时将要跳转到的界面的文

件名。

Callback 函数:主要决定在 GUI 中,当单击这个对象后应该执行什么操作。

菜单对象具有 Children、Parent、Tag、Type、UserData、Visible 等一些公共属性。除公共属性外,还有一些常用的特殊属性,如 Label、Accelerator、Callback、Checked、Enable、Position、Separator 等属性。

(1)Label 属性

Label 属性的取值是字符串,用于定义菜单项的名字。可以在字符串中加入 & 字符,这时在该菜单项名字上,跟随 & 字符后的字符有一条下划线,& 字符本身不出现在菜单项中。对于这种有带下划线字符的菜单,可以用 Alt 键加该字符键来激活相应的菜单项。

(2)Accelerator 属性

Accelerator 属性的取值可以是任何字母,用于定义菜单项的快捷键。如取字母 S,则表示定义快捷键为 Ctrl + S。

(3)Callback 属性

Callback 属性的取值是字符串,可以是某个 M 文件的文件名或一组 MATLAB 命令。在该菜单项被选中以后,MATLAB 将自动地调用此回调函数来做出对相应菜单项的响应,如果没有设置一个合适的回调函数,则此菜单项也将失去其应有的意义。

在产生子菜单时 Callback 选项也可以省略,因为这时可以直接打开下一级菜单,而不是侧重于对某一函数进行响应。

(4)Checked 属性

Checked 属性的取值是 on 或 off(默认值),该属性为菜单项定义一个指示标记,可以用这个特性指明菜单项是否已选中。

(5)Enable 属性

Enable 属性的取值是 on(默认值)或 off,这个属性控制菜单项的可选择性。如果它的值是 off,则此时不能使用该菜单,该菜单项呈灰色。

（6）Position 属性

Position 属性的取值是数值,它定义一级菜单项在菜单条上的相对位置或子菜单项在菜单组内的相对位置。例如,对于一级菜单项,若 Position 属性值为 1,则表示该菜单项位于图形窗口菜单条的可用位置的最左端。

（7）Separator 属性

Separator 属性的取值是 on 或 off(默认值)。如果该属性值为 on,则在该菜单项上方添加一条分隔线,可以用分隔线将各菜单项按功能分开。

具体实现过程如下。

在每一个子菜单的回调函数中添加如下语句:

```
function  TDemulator _ Callback ( hObject,
eventdata, handles)
pos_size = get(handles.figure1,'Position');
文件名([pos_size(1) + pos_size(3)/5 pos_size(2) +
pos_size(4)/5]);
```

文件名代表要跳转到具体哪一个图形文件。

3. 快捷菜单设计

快捷菜单是用鼠标右键单击某对象时,在屏幕上弹出的菜单。这种菜单出现的位置是不固定的,而且总是和某个图形对象相联系。在 MATLAB 中,可以使用 uicontextmenu 函数和图形对象的 UlContextMenu 属性来建立快捷菜单,具体步骤如下:

（1）利用 uicontextmenu 函数建立快捷菜单。

（2）利用 uimenu 函数为快捷菜单建立菜单项。

（3）利用 set 函数将该快捷菜单和某图形对象联系起来。

快捷菜单显示效果图如图 5 - 9 所示。

图 5 - 9 快捷菜单显示效果图

# 5.3 对话框设计

对话框是用户与计算机进行信息交流的临时窗口,在现代软件中有着广泛的应用。在软件设计时,借助对话框可以更好地满足用户操作需要,使用户操作更加方便灵活。

在对话框上有各种各样的控件,利用这些控件可以实现有关控制,主要包含以下控件。

(1)按钮(Push Button)

按钮是对话框中最常用的控件对象,其特征是在矩形框上加上文字说明。一个按钮代表一种操作,所以有时也称命令按钮。

(2)双位按钮(Toggle Button)

在矩形框上加上文字说明。这种按钮有两个状态,即按下状态和弹起状态,每单击一次,其状态将改变一次。

(3)单选按钮(Radio Button)

单选按钮是一个圆圈加上文字说明。它是一种选择性按钮,当被选中时,圆圈的中心有一个实心的黑点,否则圆圈为空白。在一组单选按钮中,通常只能有一个被选中,如果选中了其中一个,则原来被选中的就不再处于被选中状态,这就像收音机一样,一次只能选中一个电台,故称作单选按钮。

(4)复选框(Check Box)

复选框是一个小方框加上文字说明。它的作用和单选按钮相似,也是一组选择项,被选中的项其小方框中有与单选按钮不同的是,复选框一次可以选择多项。这也是复选框名字的来由。

(5)列表框(List Box)

列表框列出可供选择的一些选项,当选项很多而列表框装不下时,可使用列表框右端的滚动条进行选择。

(6)弹出框(Popup Menu)

弹出框平时只显示当前选项,单击其右端的向下箭头即弹出一个列表框,列出全部选项。其作用与列表框类似。

(7)编辑框(Edit Box)

编辑框可供用户输入数据用。在编辑框内可提供默认的输入值,随后用户可以进行修改。

(8)滑动条(Slider)

滑动条可以用图示的方式输入指定范围内的一个数量值。用户可以移动滑动条中间的游标来改变它对应的参数。

(9)静态文本(Static Text)

静态文本是在对话框中显示的说明性文字,一般用来给用户提供必要的提示。因用户不能在程序执行过程中改变文字说明,故将其称为静态文本。

(10)边框(Frame)

边框主要用于修饰用户界面,使用户界面更友好。可以用边框在图形窗口中圈出一块区域,而将某些控件对象组织在这块区域中。

一些常用控件的实现过程如下。

（1）Push Button 的使用

Push Button 为 GUI 最常使用也是最简单的对象，当单击 Push Button 时，MATLAB 会立即依据其对应的 CallBack 程序来执行操作。在本界面单击四个不同的按钮，可以跳转到四个不同的界面。

具体实现过程如下。

在每一个按钮的回调函数中添加一些当按下时要实现的功能语句。例如，在 pushbutton1_Callback 中添加语句如下：

```
pos_size = get(handles.figure0,'Position');
file_name([pos_size(1) + pos_size(3)/5 pos_size
(2) + pos_size(4)/5]);
```

file_name 代表当按下此按钮时要跳转界面的文件名。

当单击 Illustration 按钮时，系统会自动跳转到如图 5 - 10 所示的以 illustration 命名的文件中。

**图 5 - 10　单击按钮的跳转效果图**

（2）Edit Box 的使用

Edit Box 主要用来当作一个输入的接口，以便用户能够输入字符串、字符或数字，可以通过 hx = findobj('tag','edit1')，min = str2num(get(hx,'string')) 来获取动态文本框中的内容。

如果界面中需要通过一个交互式的动态文本框来实现数据的接

收与更改,可以在动态文本框中输入一个数值,通过程序来读文本框中的内容。它以字符串的形式保存在一个变量中,然后通过 str2num 函数来进行字符串与数值的转换。单击显示图形按钮即可执行回调函数的功能,将图形显示在右下角的坐标轴上。具体实现程序如下:

fs1 = get(handles.caiyangfs,'String');% 获取动态文本框中的内容。

fs = str2num(fs1);% 将字符串转化成数字。

save fs.mat% 将数据进行保存。

caiyangfs 表示此文本框的句柄,通过读取采样频率与船速的值进行如图 5 - 11 所示滤波器幅频响应的绘制。

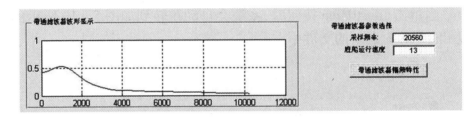

**图 5 - 11　文本框数据读取绘制图形效果图**

(3)Radio Button 的使用

Radio Button 是通过 Value 属性与逻辑判断式即可编辑出 Callback 程序,也就是说当选取该 Radio Button 时,则该 Value 属性值会返回 1;反之,不选取时则返回 0,因此通过逻辑判断可指定 Value 属性为 1(选取)或为 0(不选取)所执行的操作。通常数个 Radio Button 一起使用时,一次只能选中一个,因此习惯上 Radio Button 都建立在 Panel 内,并且 Radio Button 内必须通过 Value 属性来编写。当选取当前的 Radio Button 后,其余的 Radio Button 应该在未选取的状态下,也就是说其余的 Radio Button 的 Value 属性必须为 0。例如,当选取第一个 Radio Button 时,其 Tag 值为 radiobutton1,则在其回调函数 radiobutton311_Callback 中添加如下语句:

if get(gcbo,'value') = =1

```
set(findobj('tag','radiobutton312'),'value',0);
set(findobj('tag','radiobutton313'),'value',0);
set(findobj('tag','radiobutton314'),'value',0);
end
```

说明:gcbo 命令表示当前通过鼠标所选取的对象返回的句柄值;set 命令的作用是设置对象的属性值;findobj 命令的作用是借助已设置的对象属性查找该属性值所对应的对象句柄值。Radio Button 显示效果图如图 5 - 12 所示。

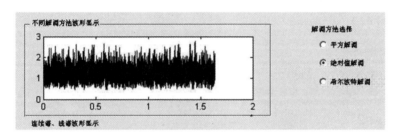

**图 5 - 12　Radio Button 显示效果图**

(4)Listbox 的使用

列表框(Listbox)由 String 属性输入菜单内容,排列在第一位置的选项索引值为 1,以下依次类推。因此可由 Value 属性搭配进行程序的编写。在 listbox131 的回调函数中添加如下程序:

```
select = get(gcbo,'value'); % 获取通过单击鼠标所对应
```
的列表框的选项值。

```
if select = =1; % 如果单击每一项即零输入响应。
......
elseif  select = =2
......
end
```

当我们单击列表框中的任一项时,系统会根据语句做出不同的响应。

（5）Popup Menu 的使用

Popup Menu 主要用于建立下拉菜单,并结合 switch…case 陈述式,即可起到选取选项触发指定操作的作用。利用 string 属性建立 Popup Menu 的内容,数目必须相对应于 switch…case 陈述式的索引值,当用户选择菜单内的选项后,Value 属性就会立即返回该选项的索引值,如选取第一个选项,其索引值为 1,因此 Value 属性会返回 1,选取第二个选项,Value 属性会返回 2,依次类推即可。

在 popupmenu211_Callback 添加的具体语句如下:

```
shade_index = get(gcbo,'value';)
switch shade_index
case 1
......
end
case2
......
end
......
end
```

当我们单击任一项时,系统会根据语句做出不同的响应。

## 5.4 舰船辐射噪声特征提取界面组成

本界面主要包括五个主要部分:界面使用介绍、时域波形仿真、线谱提取预处理、线谱提取及轴频估计。通过单击如图 5-13 所示的主界面菜单项(MainFuc)或主界面右侧(MainFuc)面板的五个选项(Illustration、TDemulator、LSpreprocess、Pick_upLS、Pick_upBF),会依次进入如图 5-14、图 5-15、图 5-16 和图 5-17 所示的不同界面。

图 5 - 13　特征提取的主界面

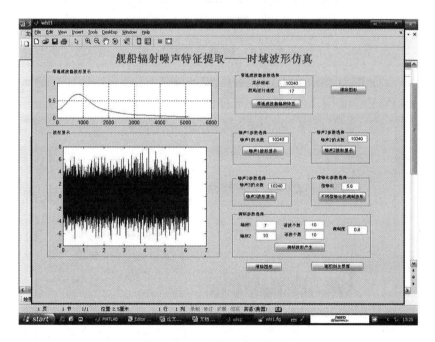

图 5 - 14　时域波形仿真

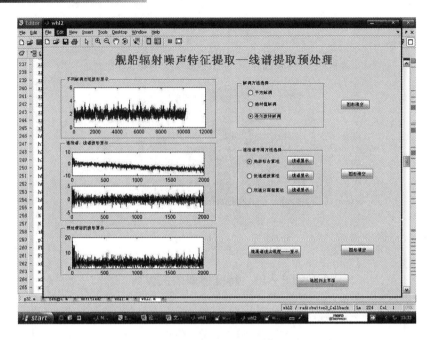

图 5 – 15　线谱提取预处理

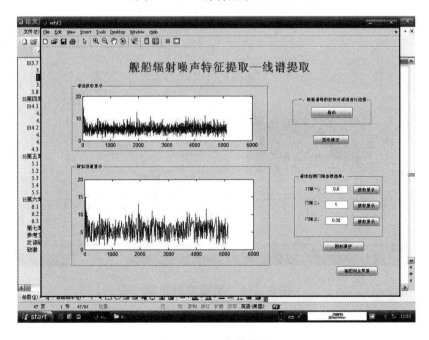

图 5 – 16　线谱提取

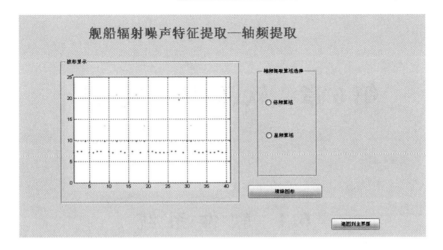

图 5 – 17  轴频提取

从图 5 – 15 中可以方便地进行不同轴频与信噪比的设置,在图形显示区中可以看到不同的轴频与信噪比所对应的图形,用户可以根据仿真的数据来检验自己后续方法的正确性。图 5 – 16 提供了三种不同的解调方法,可以通过单击所属的按钮来比较不同解调方法所对应的图形,注意此时信号从时域已转化到频域。同时也提供了三种不同的连续谱平滑方法,本书所用的方法是第一种方法(局部曲线拟合)。图 5 – 17 中可以设置线谱检测的门限参数进行线谱提取,具体门限设置值可参考文献。图 5 – 18 给出了本书所涉及轴频提取的方法研究。

# 5.5  本章小结

本章详细地介绍了主界面窗口的登录界面设计、菜单设计及各种控件具体设计方法,从窗口、菜单、对话框和各种控件将舰船辐射噪声的特征提取给出一个系统、完整的界面实现程序,用户通过单击界面中的不同控件可以快速实现不同的功能。

# 第6章 软、硬件系统设计

## 6.1 软件系统

**1. 系统组成结构**

被动目标线谱检测与识别系统由疑似线谱检测、轴频估计、专家系统、高分辨方位估计4个模块组成,如图6-1所示。

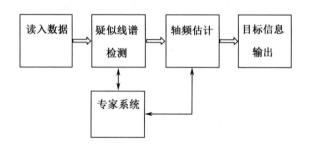

**图6-1 软件系统结构框图**

**2. 疑似线谱检测模块**

疑似线谱检测模块主要实现以下功能:做DEMON谱分析,根据已有的各种算法,检测出疑似线谱,及时更新专家系统的数据库,并由专家系统对当前的检测结果进行综合处理,最后得到稳定、可信度高的疑似线谱簇。

3. 轴频估计模块

本模块的主要功能是目标轴频(基频)估计。在专家系统的辅助下,从输入信号中提取出目标个数、目标轴频和强度等信息。

4. 专家系统模块

专家系统所要实现的功能就是提高系统稳定性和检测准确性。专家系统数据库内存储的信息在工作中将自动更新,也可以人工随时干预改变。专家系统预留了非相关数据输入接口,将本系统的检测结果与其他独立系统的检测结果进行数据融合,可以进一步提高系统稳定性和检测准确性。

# 6.2　硬　件　系　统

本书硬件系统是为了检验算法是否有效,并尽量做到通用。系统显示利用 PC 机,信号输入可以来自外部系统,例如 PC 的仿真输入或来自其他主机。

1. 处理系统结构

处理系统主要分为以下几个部分:数字信号处理器部分、存储器部分、RS232 接口部分、A/D 和 D/A 接口部分、系统逻辑控制 CPLD 部分。负责数据的采集、存储、处理及与计算机通信的工作。系统结构框图如图 6 – 2 所示。

2. DSP 处理系统电路的设计与实现

DSP 处理系统是 DEMON 谱检测系统的试验平台,可通过它检验 DEMON 谱处理系统的算法是否有效,编写和改进信号处理算法及显示系统软件设计。

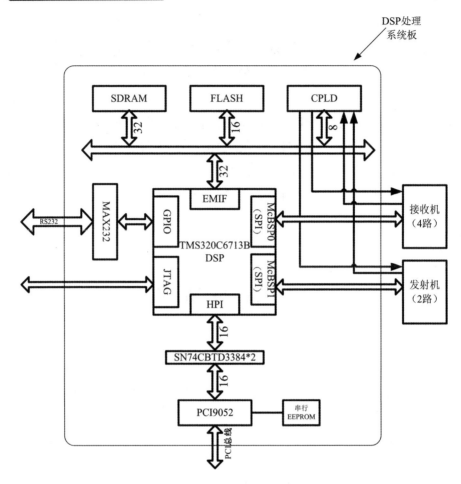

图 6 - 2 硬件系统结构框图

在本书中,该处理系统要完成以下几个功能:

(1)接受并存储来自前端系统的数字信号,该数字信号由前端处理器通过 SPI 协议向 DSP 处理板传输。前端系统大致包括:接收机、模拟波束形成器、解调器、低通滤波、AD 采样等;或者前端接模拟舰船辐射噪声的信号发生器等。

(2)DEMON 谱处理,按要求给出各种目标信息。

(3)将各种目标信息通过 RS232 接口传输给其他系统,这里是传输给 PC 机。如果不需要波束的原始数据,而只是若干个目标信息数据,RS232 接口的传输速率是满足要求的。该系统还考虑了 PCI 总线的接口,这样做是考虑到方便系统控制、大数据量的快速传输,以及系统功能扩展,扩大该硬件系统的适用范围。

# 6.3 本 章 小 结

本章的主要工作是处理系统的软、硬件方案设计。在软件设计上,主要考虑了算法的运算量和存储空间是否满足指标要求;在硬件上,立足本书研究课题,兼顾通用性。

信号处理软件程序的编写、调试工作已经完成;硬件系统完成了方案设计,板卡的制作和调试工作尚未完成,它和显控软件的设计将是后续研究工作要解决的重点问题之一。

# 结　　论

舰船目标识别是水声领域的重要研究内容,同时也是该领域的难点之一。本书主要就舰船辐射噪声目标识别特征提取与分析方法进行了深入的研究,对基于 $1\frac{1}{2}$ 维谱的 DEMON 谱解调方法、线谱提取及轴频估计进行了系统的理论分析与仿真验证,取得了良好的效果。

本书所做的主要工作如下:

(1)介绍了国内外对舰船辐射噪声特征提取的五大研究方向,并指出了高阶统计量方法用于舰船辐射噪声特征提取的优越性。

(2)介绍高阶统计量的基本理论,分析了高阶统计量可以抑制高斯噪声和对称分布的随机噪声,着重分析了 $1\frac{1}{2}$ 维谱的四个性质并给出仿真验证,进一步论证了基于 $1\frac{1}{2}$ 维谱提取舰船辐射噪声特征的可行性。

(3)分析、比较舰船辐射噪声信号的不同解调方法,给出平方解调、绝对值解调及希尔伯特解调方法的理论分析与仿真验证。本书还对弱信噪比的舰船辐射噪声进行了多子带的 DEMON 分析,指出舰船辐射噪声在各个子带上的调制度是不同的。

(4)给出了一种 DEMON 谱中连续谱平滑的方法(即局部拟合算法),通过平滑后的谱图利用疑似线谱检测准则得到一组较完备的线谱图。对于疑似线谱提取过程中的门限选择取决于数据的分段数及每段的数据长度。

（5）研究了在已得到疑似线谱的情况下，如何确定目标的基频。分别对差频、倍频方法进行了分析和仿真试验。试验结果表明倍频方法对确定双目标有一定的优越性，而差频方法对确定单目标有一定的优越性。

（6）研究并设计了基于高阶统计量的 DEMON 谱的 MATLAB'S GUI 界面。通过此界面图形软件可以方便地比较分析舰船辐射噪声特征提取的步骤与方法。

本书研究已达到预期的目标，但由于时间有限，许多工作还需要进一步深入研究，主要在以下四个方面：

（1）高阶统计量方法的缺点是计算量过大，不利于实时实现，应进一步加强相关计算方法的理论研究。

（2）线谱检测算法需要进一步完善，使其尽可能在虚警概率比较小的情况下包含更多的线谱分量。

（3）轴频提取的算法应更精确，使其在提取过程中进一步提高频率分辨力。

（4）寻求有效人工神经网络的权值学习算法，使其提高分类识别的能力。

# 参 考 文 献

[1] 陈敬军,陆佶人.被动声呐线谱检测技术综述[J].声学技术, 2004,23(1):57-60.

[2] 曾庆军,王菲,黄国建,等.基于连续谱特征提取的被动声呐目标识别技术[J].船舶工程,2002,36(3):382-386.

[3] NIELSEN R O. Sonar signal processing[M]. Norwood:Artech House Inc, 1991.

[4] KUMMERT A. Fuzzy technology implemented in sonar system [J]. IEEE Journal of Oceanic Engineering, 1993, 18 (4): 483-490.

[5] LOURENS J G,PREEZ J A D. Passive sonar ML estimator for ship proceller speed[J]. IEEE Journal of Oceanic Engineering, 1993, 23(4):448-453.

[6] 章新华,王骥程,林良骥.基于小波变换的舰船辐射噪声信号特征提取[J].声学学报,1997,22(2):139-144.

[7] 张艳宁.自适应子波、高斯神经网络及其在水中目标被动识别中的应用[D].西安:西北工业大学,1996.

[8] 洪健,陆佶人.小波变换及径向基函数网络综合水声信号识别[J].东南大学学报,1994,24(6):112-118.

[9] 丁庆海,庄志洪,祝龙石,等.混沌、分形和小波理论在被动声信号特征提取中的应用[J].声学学报,1998,24(2):197-203.

[10] 朱安琭.水中目标辐射噪声特性仿真[J].声学技术,2004,23 (2):128-131.

[11] 高翔,陈向东,陆佶人.基于小波分析的被动声呐信号宽带噪

声包络调制分析[J].东南大学学报,1998,28(6):24-27.

[12] 吴国清,任锐,陈耀明,等.舰船辐射噪声的子波分析[J].声学学报,1996,21(4):700-708.

[13] 章新华,张晓明,林良骥.船舶辐射噪声的混沌现象研究[J].声学学报,1998,23(2):134-140.

[14] 宋爱国,陆佶人.基于极限环的舰船噪声信号非线性特征分析及提取[J].声学学报,1999,24(4):407-415.

[15] 陈向东,高翔,陆佶人.基于相似序列重复度的舰船辐射噪声时域特性的研究[J].东南大学学报,1998,28(6):18-23.

[16] 高翔,陆佶人,陈向东.舰船辐射噪声的分形布朗运动模型[J].声学学报,1999,24(1):19-28.

[17] 汪芙平,郭静波,王赞基,等.强混沌干扰中的谐波信号提取[J].物理学报,2001,50(6):1019-1023.

[18] NIKIAS C L, RAGHUVEER M R. Bispectrum estimation:a digital signal processing framework[J]. Proceedings of IEEE,1987,75(7):869-891.

[19] 樊养余.舰船噪声的高阶统计量特征提取及其应用[D].西安:西北工业大学,1999.

[20] NII H P, FEIGENBAUM E A, ANTON J J,et al. Signal to symbol transformation:HASP/SIAP case study [J]. Artificial Intelligence Magazine, 1982,3(2):23-35.

[21] HASSAB J C, CHEN C H. On construction an expert system for contact localization and tracking[J]. Pattern Recognition, 1985, 18(6):456-474.

[22] MAKSYM J N, BONNER A J, DENT C A,et al. Machine analysis of acoustical signal[J]. Pattern Recognition, 1983,16(7):615-625.

[23] RAJAGOPAL R, SANKARANARAYANAN B, RAMAKRISHNA R P. Target classification in a passive sonar:an expert system approach [C]. IEEE International Conference on Acoustic,

Speech and Signal Processing – Proceedings，1990：2911 – 2914.

［24］ 陶笃纯.噪声和振动谱中线谱的提取和连续谱平滑［J］.声学学报，1984，9（6）：337 – 344.

［25］ 吴国清，魏学环，周钢.提取螺旋桨识别特征的二种途径［J］.声学学报，1993，18（3）：210 – 216.

［26］ 张贤达.现代信号处理［M］.2 版.北京.清华大学出版社，2002.

［27］ 张贤达.时间序列分析：高阶统计量方法［M］.北京：清华大学出版社，1996.

［28］ 樊养余，孙进才，季平安，等.基于高阶谱的舰船辐射噪声特征提取［J］.声学学报，1999，24（6）：611 – 616.

［29］ 樊养余，陶宝祺，熊克，等.舰船噪声的 $1\frac{1}{2}$ 维谱特征提取［J］.声学学报，2002，27（1）：71 – 76.

［30］ 邓继雄.基于高阶统计量的舰船目标分类方法研究［D］.西安：西北工业大学，2005.

［31］ 张帆，丁康.平方解调分析原理及在机械信号故障诊断中的应用［J］.汕头大学学报，2002，17（1）：42 – 47.

［32］ 何振亚.自适应信号处理［M］.北京：科学出版社，2002.

［33］ 杨春.基于鱼雷报警声呐的目标识别技术基础研究［D］.哈尔滨：哈尔滨工程大学，2005.

［34］ 鲍雪山.被动目标 DEMON 检测方法研究及处理系统方案设计［D］.哈尔滨：哈尔滨工程大学，2005.

［35］ 吴国清，李靖，陈耀明，等.舰船噪声识别（Ⅰ）：总体框架、线谱分析和提取［J］.声学学报，1998，23（5）：394 – 400.

［36］ 刘伯胜，雷家煜.水声学原理［M］.哈尔滨：哈尔滨工程大学出版社，1993.

［37］ URICK R J.工程水声原理［M］.洪申，译.北京：国防工业出版社，1972.